规划时空维度丛书 | 王金岩主编

城市热环境优化:从框架、原理到策略

沈中健 著

东南大学出版社
·南京·

内容提要

本书总结了当前城市热环境优化领域的新技术、新理论，并结合我国城乡规划的新形势与新需求，建构了适应新时期的城市热环境优化方法体系，分别从城市规模管控、景观格局重构、用地功能布局、空间形态设计等多维度诠释城市热环境优化的科学原理及其规划策略，进一步指出城市热环境优化研究的现状问题与未来方向，为我国应对城市气候变化、缓解城市热岛效应提供理论参考。

本书面向的读者为城乡规划学、建筑学、风景园林、城市地理学、城市气候学、环境科学等领域的科研人员与工作者、高校师生，也可为相关领域的规划设计实践者、城市建设职能部门的政策制定者提供参考。

图书在版编目(CIP)数据

城市热环境优化：从框架、原理到策略 / 沈中健著． -- 南京：东南大学出版社，2025.2
(规划时空维度丛书 / 王金岩主编)
ISBN 978-7-5766-0969-1

Ⅰ. ①城… Ⅱ. ①沈… Ⅲ. ①城市环境-热环境-研究 Ⅳ. ①X21

中国国家版本馆 CIP 数据核字(2023)第 216762 号

责任编辑：孙惠玉　责任校对：子雪莲　封面设计：王玥　责任印制：周荣虎

城市热环境优化：从框架、原理到策略
Chengshi Rehuanjing Youhua: Cong Kuangjia、Yuanli Dao Celüe

著　　者	沈中健
出版发行	东南大学出版社
出 版 人	白云飞
社　　址	南京四牌楼2号　邮编：210096
网　　址	http://www.seupress.com
经　　销	全国各地新华书店
排　　版	南京凯建文化发展有限公司
印　　刷	南京凯德印刷有限公司
开　　本	787mm×1092mm　1/16
印　　张	11.25
字　　数	275千
版　　次	2025年2月第1版
印　　次	2025年2月第1次印刷
书　　号	ISBN 978-7-5766-0969-1
定　　价	59.00元

本社图书若有印装质量问题，请直接与营销部调换。电话(传真)：025-83791830

总序

寂静的森林、辽阔的原野、碧绿的河水、奔腾的野兽，以及习习的微风，这是原始人类栖息地的场景。《周易·系辞上》中云："动静有常，刚柔断矣。方以类聚，物以群分，吉凶生矣。在天成象，在地成形，变化见矣。"终于，人类在审视世界动静变化和吉凶悔吝的劳绩之中，跨越了草莽蒙昧，自然与人文精神交相辉映，建构了多元的时空秩序，进而使聚落、乡村、城市、区域及巨型区域的人类聚居文明繁衍拓展，形成了五光十色的众生世界。

关于众生世界，佛教《楞严经》中云："世为迁流，界为方位。汝今当知：东、西、南、北、东南、西南、东北、西北、上、下为界；过去、未来、现在为世。方位有十，流数有三。一切众生织妄相成，身中贸迁，世界相涉。"在东方农耕世界，世以年计，界为田分，四方上下谓之宇，古往今来谓之宙，天地人间皆统于"道"。众生在"心正而后身修，身修而后家齐，家齐而后国治，国治而后天下平"的认知之中，寻求"穷理尽性"，以达"天人之际"的路径。

西方世界早期将世界理解为"土火水气"，至"人是万物的尺度，是存在的事物存在的尺度，也是不存在事物不存在的尺度"，人文界定世界的精神渐渐生发。中世纪有神论和救赎理念深入人心，众生期待人神和解，而重返伊甸园。中世纪末期，通过新教伦理的抗争发现，"奢侈"和思想解放与对上帝的信仰并不矛盾，更未导致上帝的惩罚，至文艺复兴后理性和自由理念一发不可收。神学的世界观也被科学的世界观彻底刷新，培根和笛卡儿创始的现代梦想，将"众生"带入了另一个境界。人类"祛魅"的自由勇气推倒了一切堡垒，外达太空火星，中至城市区域，微接上帝粒子，塑造了全新的众生世界。

其实，无论东方、西方抑或其他地域，众生世界都没有逃脱一个基本问题——人与时空、思想与存在的关系问题。人类会在特定的时空认知中回答"关系"的意义，虽然答案各异。在涂尔干那里，时空被解读为"社会的构造物"，并通过集体意识和个体意识的衔接，形成可沟通的观念。若放大"观念"的共性，则世界一切学问，大至宇宙，微至无间，不管是采用科学、哲学还是宗教的办法，都是在寻求可以接受和沟通的"真理"，并在种种人生和社会的危机挑战面前，找到智慧的生存"化解"之道。这自然引出了两个问题：其一，求真，即是什么，为什么？其二，化解，即怎么想，怎么办？

围绕这两个问题，我们认为在地球地表空间、区域城市空间、建筑景观空间等一系列视觉直接可及的"中观"尺度上，人类求真与化解的能动性行为最为异彩纷呈。这些行为时刻影响着社会权利的分配和个人梦想的实现。人类也是在这一尺度上通过多元的规划手段，构筑了五彩斑斓的人类聚居文明。这更是当代城乡规划学、建筑学、地理学等人居环境和城市学科存在的价值根源。

鉴于此，本丛书定名为"规划时空维度丛书"。我们期待以城乡规划学、建筑学、地理学等人居环境和城市学科为立足点，形成开放式的交流平台，围绕人类聚居空间形态演变的基本规律和特征，以及规划调控在引导人类聚居空间发展方面的作用这两个核心问题，打破学科藩篱，鼓励另辟蹊径，激发学术探讨，汇聚直达内心的清泉，为更好地揭示人类聚居发展进程中的时空现象，引导人居环境建设中的规划范式选择服务。这是我们从学科和职业的角度反思发展处境,照亮前行道路所需要的。本丛书希望成为学者、学生和广大专业从业人员的参考资料,也希望成为一般读者的普及性读物。我们要诚挚感谢东南大学出版社一如既往的理解和支持!在一个功利和躁动的时代,各种支持探索的真心诚意都值得倍加珍惜。所以,我们欢迎学界同仁的指导,更感谢并勇于接受一切批评!

王金岩
2014 年仲夏

序言

城市热环境是城市生态环境的重要组成部分之一。近年来,城市人口的激增与大量的开发建设引发的城市热岛效应,已成为当前城镇化进程中最为显著的环境问题之一,严重影响着城市生态环境及可持续发展。与此同时,全球气温上升及高温热浪事件频发,进一步加剧了城市热岛效应的负面影响。如何调整优化城市空间以减缓"城市过热"问题,塑造宜居、舒适的城市热环境,已成为国内外地理学、生态学、环境科学、城乡规划学等领域学者关注的焦点。

作为城市热环境的载体,城市空间对城市热环境具有重要的影响。城市空间的复杂性是导致城市热环境影响因素复杂多样的重要原因。如何系统地将复杂的城市空间与城市热环境结合在一起全盘考虑,实现城市空间与城市热环境优化的系统化衔接,进而形成系统的城市空间优化途径,是当前城市热环境优化的关键问题之一。该书正是在上述背景下,为构建城市热环境优化的理论框架、认识城市热环境优化的调控机理、制定应对城市热岛效应的规划策略提供依据与支撑。同时,本书以下两个方面的亮点值得肯定:

其一,作者以城市空间异质性为切入点,按照空间可辨析程度由低到高的层次递进过程,对城市空间进行逐层分类。结合从整体到局部层次递进的城市热环境优化思路,将城市热环境优化的要素划分为城市规模、景观格局、用地功能、空间形态四个层面,并形成了基于"规模—格局—功能—形态"的城市热环境优化逻辑思路,实现了城市空间与城市热环境优化的多维度衔接。在此基础上,作者构建了由城市热环境优化的逻辑思路、研究框架与策略体系等内容构成的技术框架,它集理论研究、实证分析、应用实践于一体,在一定程度上弥补了目前城市环境研究理论体系的不足,使结论更具有应用前景。

其二,综合应用多种分析方法,并以闽南的厦门、漳州、泉州三市为实例研究了城市热环境优化的调控机理,进而提出了城市热环境优化的规划策略。根据"规模—格局—功能—形态"的理论框架,本书探索了城市热环境对城市规模、景观格局、用地功能、空间形态特征的响应规律,研究内容并未囿于城市热环境与这些影响因素的线性关系,而是考虑了城市热环境及其影响因素的空间异质性,运用空间自相关分析、空间自回归模型、多环缓冲区分析等多种空间分析方法,定量探讨了城市热环境与相关因素的空间关系,并以此为依据,提出了城市规模、景观格局、用地功能以及空间形态四个维度的城市热环境优化措施,形成了具有一定推广意义的城市热环境优化策略与规划设计模式语言。这些研究对城市热环境优化的理论与实践是一种有益的探索。

本书是沈中健在他博士学位论文的基础上修改完成的。作者对城市热环境的研究从攻读博士学位期间开始,毕业后成了一名高校教师,从事建筑学与城乡规划学的教学与研究工作,值得赞赏的是,他一直未曾间断对城市热环境的探索。作为导师,我见证了他攻读博士学位期间的努力拼搏,也为他取得的成果倍感欣慰。在本书即将出版之际,我愿意推荐这部著作,不足之处,请广大的读者和各方专家批评指正,也希望作者继续努力,取得更多、更好的成果。

曾坚
2023 年 3 月 2 日于天津大学

前言

城市热环境(urban thermal environment)是指影响人体冷暖感知、健康水平的物理环境,城市热环境状况的良好与否是衡量城市生态环境状况的重要指标之一,不仅直接关系到城市人居环境质量和居民健康状况,而且对城市能源和水资源消耗、生态系统过程演变、生物物候以及城市经济可持续发展有着深远影响。

目前,我国城市热环境问题日益凸显。一方面,城市热岛效应不断加剧。作为城市化典型的气候响应形式,城市热岛效应对居民健康、生态环境及可持续发展具有极大的负面影响,已成为当前影响生态环境及可持续发展的重大环境问题。另一方面,全球气候变暖趋势明显,高温灾害愈演愈烈,而城市地区更易遭受高温威胁。预计在未来的 50—100 年,全球气温将上升 1.4—5.8 ℃。在全球气候变暖的趋势下,我国高温热浪呈现出频次与持续天数增多、影响范围扩大、强度加强的趋势。高温热浪与城市热岛具有协同加强的作用,高温热浪不仅提升了环境的温度,而且增加了城区与乡村间的温度差异。在全球气候变化、高温热浪的叠加效应下,城市热岛效应的负面影响日益加剧。

尽管"高强度、高密度"的城市开发模式易引发城市环境问题,但由于我国"人多地少"的国情,紧凑型城市发展模式仍是我国城镇化发展的必然趋势。在现有条件的制约下,通过科学合理的空间规划,缓解"城市热岛效应加剧"问题,提升城市环境品质,是目前亟待解决的重要问题,也是存量规划以及新型城镇化的新要求与挑战。如何通过城市规划手段以应对城市气候变化,成为当前城乡规划研究领域的热点之一。

目前,我国城市热环境优化研究仍缺乏必要的理论基础与实践路径,尚需进行理论构建与策略探索。在提出城市热环境优化的策略之前,应有大量关于城市热环境优化调控机理的研究,为优化策略提供科学依据。但就目前的趋势而言,我国城市热环境优化的理论研究明显滞后于实践需要。

尽管诸多学者依托气象观测、热红外遥感、数字模拟等技术,对城市热环境优化进行了大量有益的探索,但城市热环境优化研究的深度与广度仍有待完善。一方面,城市热环境优化是一个涉及环境科学、大气科学、地理学、生态学、建筑与城乡规划学等多学科的研究领域,尚需通过多学科交叉,以形成城市热环境优化研究的多维视角;另一方面,城市热环境优化研究领域仍有诸多亟待解决的问题。

首先,在城市热环境优化中所要调整的要素,如建成区面积、建筑密度、绿地覆盖率等复杂多样。如何厘清城市热环境优化的诸多要素及其相互关系是实现城市热环境优化的基础。然而,既有研究存在"重要素而轻系统""重局部而轻整体"的倾向,未认识到城市热环境优化是一个从整体到局部、多要素相协调的问题,迫切需要基于系统科学思维,建立综合、全面的城市热环境优化框架。在研究方法层面,以往研究多以相关性、普通线性回归分析等方法为主,揭示相关因素与城市热环境的关联机理,鲜有考虑相关因素与热环境在空间上的邻近效应、自相关性。城市热环境优化还应与规划应用相衔接,以形成科学的规划内容、可操作的实施路径。而既有研究存在"重规律分析而轻规划实施"的倾向,对分析结果的应用实践探讨较少。同时,既有研究对城市热环境的共同规律分析不足,缺乏可推广应用的规划设计方法。

由此可见,在城市热环境优化领域尚需进行大量的基础研究。而在一定程度上,本书撰写的目的就是针对上述问题的响应,力求在基础研究的层面,构建城市热环境优化的理论框架,揭示城市热环境优化的调控机理,提出城市热环境优化的规划策略。

基于此,本书首先以城市空间异质性为切入点,借鉴城市空间分类与层级空间结构分析方法,按照空间可辨析程度由低到高的层次递进过程,对城市空间进行逐层分类。针对各层级的空间分类,结合从整体到局部逐步具体化的城市热环境优化思路,将城市热环境的优化要素划分为城市规模(规模)、景观格局(格局)、用地功能(功能)、空间形态(形态),进而构建了包含城市规模管控、景观格局重构、用地功能布局、空间形态设计的城市热环境优化理论框架。

其次,基于陆地卫星(Landsat)遥感影像、夜间灯光亮度数据、兴趣点(Point of Interest,POI)数据、建筑普查数据等多源数据,运用遥感(Remote Sensing,RS)、地理信息系统(Geographic Information System,GIS)技术以及多种空间统计分析方法,以闽南三市为例(本书研究区域不包含泉州市金门县),揭示城市规模、景观格局、用地功能、空间形态与城市热环境的关联机理,从而明确了城市热环境优化的相关原理。同时,也形成了多学科交叉、多源数据处理、多元技术应用的复合研究体系,为城市热环境优化的科学研究提供技术方法支撑。

最后,基于城市规模、景观格局、用地功能、空间形态与城市热环境的关联机理,提出了涉及城市规模管控、景观格局重构、用地功能布局、空间形态设计的城市热环境优化策略,形成了易于掌握的规划设计模式语言,为城市热环境优化实践提供理论参考。

全书的内容皆来源于笔者的博士学位论文,并由笔者策划与统稿。

全书总共分为八章:第1章阐述城市热环境优化研究的背景与意义;第2章为框架部分,系统论述城市热环境优化的理论框架;第3—6章为原理部分,分别通过实证研究揭示城市规模、景观格局、用地功能、空间形态与城市热环境的关联机理,为城市热环境优化提供科学依据;第7章为策略部分,基于城市热环境优化的原理,提出涉及城市规模管控、景观格局重构、用地功能布局、空间形态设计的规划策略;第8章对城市热环境优化研究的未来进行展望。

本书要特别感谢天津大学建筑学院曾坚教授、梁晨博士、辛儒鸿博士、刘晓阳博士、王倩雯博士,清华大学建筑学院任兰红博士,山东大学土建与水利学院王金岩副教授,都为本书的内容提出了宝贵的意见;还要特别感谢东南大学出版社的徐步政老师、孙惠玉老师在本书出版过程中所做的辛勤工作。

尽管本书以"城市热环境优化:从框架、原理到策略"为题,但仅为一家之言,日后的城市热环境优化研究必将拥有更为宏大而完整的体系,本书的研究仅立足当前理论发展水平和特定的学科视角,展现出城市热环境优化的冰山一角,不足其万一。书中的不足与纰漏在所难免,恳请广大读者和各方专家批评指正!

沈中健

2021年10月8日

目录

总序

序言

前言

1 城市热环境优化研究的背景与意义 ······ 001
  1.1 城市热环境问题 ······ 001
    1.1.1 城镇化与城市热岛效应 ······ 001
    1.1.2 全球气候变化与高温热浪 ······ 002
    1.1.3 城市建设与城市热环境优化 ······ 002
  1.2 城市热环境优化的研究进展 ······ 003
    1.2.1 国内外研究的发展历程简述 ······ 003
    1.2.2 国内外研究的总体特征 ······ 004
    1.2.3 城市热环境优化研究的主要内容 ······ 004
  1.3 城市热环境优化研究与探索 ······ 009
    1.3.1 城市热环境优化研究的现状分析 ······ 009
    1.3.2 城市热环境优化研究的基本框架 ······ 010

2 城市热环境优化的理论框架 ······ 012
  2.1 城市热环境优化的逻辑思路 ······ 012
    2.1.1 城市空间异质性 ······ 012
    2.1.2 城市空间的层级结构 ······ 014
    2.1.3 城市热环境优化要素的界定 ······ 015
  2.2 城市热环境优化的体系构建 ······ 021
    2.2.1 城市规模管控 ······ 021
    2.2.2 景观格局重构 ······ 022
    2.2.3 用地功能布局 ······ 024
    2.2.4 空间形态设计 ······ 025

3 城市规模管控的原理 ······ 028
  3.1 城市发展与城市热环境的空间关系 ······ 028

    3.1.1 城市发展与城市热环境的耦合规律 ·············· 028

    3.1.2 城市发展对城市热环境的驱动机制 ·············· 034

  3.2 城市面积规模的影响机理 ························· 040

    3.2.1 城市面积规模的热力特征分异 ················· 040

    3.2.2 城市面积规模与城市热环境的关系 ·············· 043

  3.3 城市人口规模的影响机理 ························· 044

    3.3.1 城市人口规模的热力特征分异 ················· 044

    3.3.2 人口密度与城市热环境的关系 ················· 048

4 景观格局重构的原理 ······························· 051

  4.1 景观类型的热环境效应 ··························· 051

    4.1.1 景观类型的热力特征差异 ····················· 051

    4.1.2 源汇景观与城市热环境的关系 ················· 053

  4.2 景观空间构型的影响机理 ························· 059

    4.2.1 耕地景观空间构型的影响 ····················· 059

    4.2.2 绿地景观空间构型的影响 ····················· 064

    4.2.3 水域景观空间构型的影响 ····················· 069

    4.2.4 建设用地景观空间构型的影响 ················· 073

    4.2.5 景观总体构型的影响 ························· 077

5 用地功能布局的原理 ······························· 087

  5.1 绿地、水域的影响机理 ··························· 087

    5.1.1 绿地、水域的热力特征分异 ··················· 087

    5.1.2 绿地斑块的降温效果 ························· 091

    5.1.3 水域斑块的降温效果 ························· 094

  5.2 建设用地功能的影响机理 ························· 096

    5.2.1 建设用地功能识别 ··························· 096

    5.2.2 建设用地功能的热力特征 ····················· 097

    5.2.3 建设用地功能的热环境足迹 ··················· 100

6 空间形态设计的原理 ······························· 103

  6.1 局部气候区 ····································· 103

    6.1.1 局部气候区的空间形态特征 ··················· 103

6.1.2 热岛强度的空间分异 ······················· 107
　6.2 空间形态的影响机理 ···························· 109
　　　6.2.1 空间形态与热岛强度的空间关系 ················ 109
　　　6.2.2 空间形态与热岛强度的关联机理 ················ 111

7 城市热环境优化策略 ································ 122
　7.1 城市规模管控 ································· 122
　　　7.1.1 城市总体布局 ··························· 122
　　　7.1.2 城市分区管控 ··························· 127
　7.2 景观格局重构 ································· 131
　　　7.2.1 源汇景观分区配置 ························ 131
　　　7.2.2 景观空间结构规划 ························ 133
　　　7.2.3 景观协调布局 ··························· 137
　7.3 用地功能布局 ································· 138
　　　7.3.1 绿地、水域布局 ·························· 138
　　　7.3.2 建设用地功能布局 ························ 144
　7.4 空间形态设计 ································· 146
　　　7.4.1 空间形态分区调整 ························ 146
　　　7.4.2 街区空间形态优化 ························ 151

8 城市热环境优化研究的未来 ·························· 155
　8.1 城市热环境优化研究的理论框架 ······················ 155
　8.2 城市热环境优化研究的技术方法 ······················ 156
　8.3 城市热环境优化的规划实践 ························· 157

参考文献 ·· 158
图表来源 ·· 163

1 城市热环境优化研究的背景与意义

1.1 城市热环境问题

1.1.1 城镇化与城市热岛效应

城市热岛效应(urban heat island effect)是指城市地区温度高于周边郊区、农田温度的现象,狭义的城市热岛效应专指城区温度与郊区温度的差,即城市热岛强度;广义的城市热岛效应不仅包含城市热岛强度的含义,而且包括热岛现象引发的干湿气候特征。目前,城市热岛效应已成为城镇化进程中最为显著的环境问题之一。2001—2015 年,中国 71% 的城市日间热岛现象明显加剧(Yao et al.,2018)。研究表明,人口超过 100 万人的城市,其年平均气温比周围区域高 1—3 ℃,夜间温差甚至可高达 12 ℃(刘焱序等,2017)。预估至 2050 年,全球城市人口将占全球总人口的 66%。这意味着,越来越多的人口会受到城市热岛效应的影响,预计至 2030 年将有超过 50 亿人口会受到城市热岛效应的影响。

预计至 2030 年,中国城镇化率将达到 70%(沈中健等,2021a)。根据国务院印发的《全国国土规划纲要(2016—2030 年)》,预计到 2030 年,全国城镇建成区面积将从 2015 年的 8.9 万 km^2 增至 11.67 万 km^2。大量的开发建设以及城市交通、工业生产、居民生活等人类活动,致使城市过热现象日益凸显。众多研究表明,城市热岛效应存在增强的趋势,特别是进入 21 世纪,城市地区的增温现象进一步加剧。

城市热环境的日益恶化对人类健康、城市空气质量改善、能源可持续利用等方面带来了极大的负面影响。首先,城市热岛效应会严重影响人体身心健康。当气温高于 28 ℃时,人体易出现焦躁、压抑、记忆力下降、精神紊乱、食欲减退、消化不良等精神系统和消化系统疾病;当气温在 35 ℃以上时,人体易出现肌肉痉挛、中暑等现象,心脑血管和呼吸系统疾病的发病率上升,死亡率增加(Mavrogianni et al., 2011)。其次,城市热岛效应会影响城市空气质量与雾霾治理。可吸入颗粒物(PM_{10})、细颗粒物($PM_{2.5}$)的浓度与热岛强度均呈显著的正相关性,在城市高温区域更易出现高污染集聚的现象(贺广兴,2014)。最后,城市热岛效应会导致能源消耗增加。研究表明,当局部地区的气温每增加 1 ℃时,居民用电量则随之增加

750—2 700 MW·h。此外,城市热岛效应也会对植物正常生长、限制温室气体排放等方面带来负面影响。

由此可见,城市热岛效应已成为当前亟待解决的重大生态环境问题。

1.1.2 全球气候变化与高温热浪

全球气候变暖是城市发展面临的巨大挑战之一。政府间气候变化专门委员会(Intergovernmental Panel on Climate Change,IPCC)第五次评估报告预估,至21世纪末,全球气温将升高1.5—2 ℃。长时间序列的观测数据表明,全球变暖趋势仍在持续(黄焕春,2014)。1901—2018年,我国地表年平均气温呈显著上升趋势,其间地表年平均气温上升了1.24 ℃。1951—2018年,我国地表年平均气温的增长速率为0.24 ℃/10年。在全球气候变暖的趋势下,高温热浪(heat wave)作为一种气象灾害,发生得愈加频繁且强烈。自20世纪90年代中期以来,我国极端高温事件发生的频次明显增多,且近50年来,我国高温热浪呈现频次与持续天数增多、影响范围扩大、强度加强的趋势。

全球变暖及高温热浪频发,进一步加剧了城市热岛效应的负面影响。而城市热岛效应也加剧了高温热浪发生的范围和强度,增加了城市居民的健康风险。据美国疾病控制与预防中心(Centers for Disease Control and Prevention)报告,美国平均每年约有400人由城市高温致死,而因城市高温诱发其他疾病复发导致死亡的人数更是难以估算。1995年7月,芝加哥的高温热浪造成了城市地区700余人因高温中暑而死亡;2003年,欧洲及美国城市遭受高温热浪,导致20 000多人丧生,经济损失高达几十亿美元;2010年,西安市的高温死亡病例比上一年同期增长54%。

由此可见,如何应对全球气候变化与高温热浪,改善城市热环境状况,是当前亟须回答的重要议题。

1.1.3 城市建设与城市热环境优化

如何通过城市空间的调整优化来解决城市热岛效应这一"城市过热"问题,提升城市热环境品质,已成为国内外城乡规划界的重大研究课题。

我国学术界至21世纪初才开始系统关注城市热环境问题,近10年的研究成果增长迅速,研究内容也涵盖了城市热岛的时空演变规律、成因、影响等方面的内容。《国家中长期科学和技术发展规划纲要(2006—2020年)》明确指出,未来应将热岛效应的形成机制与人工调控技术作为研究重点;国家住房和城乡建设部分别于2013年、2015年颁布了《城市居住区热环境设计标准》(JGJ 286—2013)和《城市生态建设环境绩效评估导则(试行)》,将城市热环境的质量纳入建设项目考核评价指标体系。此外,"十三五"国家科技支撑计划和"十四五"重大科技研究专项,都包含相关的研究内容。由此可见,城市热环境优化研究对于城市发展建设十分必要。

1.2 城市热环境优化的研究进展

1.2.1 国内外研究的发展历程简述

本书运用电子表格软件 Excel 对国内外发表的相关文献进行年度统计分析(图 1-1)。从图中可知,中外文献的发表数量均呈上升趋势,这表明城市热环境已逐渐受到重视,学术界对该领域的关注度逐渐增加。国外对于该领域的关注明显早于国内,自 20 世纪 90 年代起,发表文献数开始呈现稳步上升的趋势。而国内自 2000 年以后,发表文献数才显著上升,个别时段发表文献数有所下降,但整体呈上升趋势。

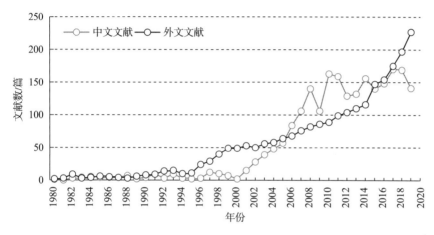

图 1-1　1980—2020 年国内外相关文献数量年度分布

从国内外的发文数量来看,均可以分为三个阶段,即起步阶段、发展阶段、繁荣阶段,具体的时段及发展概况如表 1-1 所示。通过比较可以看出,国内文献数量的增长滞后于国外。这可能与热红外遥感技术、数值模拟技术率先在国外广泛应用有关;自 1995 年起,外文文献呈现稳步增长态势,而中文文献的年际变化存在较为明显的波动。

表 1-1　国内外相关研究的发展阶段

阶段	时段及发展概况	
	国内(中文)文献	国外(外文)文献
起步阶段	1980—1990 年,城市热环境的问题尚未受到学术界的关注,文献数量较少,学者们多关注城市热岛的概念及其形成过程	1980—1988 年,相关学者对城市热环境的研究处于探索阶段,对城市热环境的认识主要是城市热岛效应的形成和缓解途径,文献数量的年际变化存在波动性,总体数量较少

续表 1-1

阶段	时段及发展概况	
	国内（中文）文献	国外（外文）文献
发展阶段	1990—2000年，学者们开始意识到城市热环境问题的重要性，文献成果开始缓慢增加	1988—1995年，缓解城市热岛问题开始受到学术界关注，文献数量逐渐增加
繁荣阶段	2000—2020年，数值模拟及热红外遥感技术开始广泛应用于热环境的研究中，极大地促进了城市热环境的研究进展，研究成果增长迅速	1995—2020年，城市热环境的研究内容、研究方向及方法均趋于多元化，研究取得了突破性进展，文献数量逐年增长

1.2.2 国内外研究的总体特征

总体而言，国内外对于城市热环境优化的研究起步较早，在环境学、生态学、地理学、气象学等学科已经取得了较为翔实的研究成果。然而，从城乡规划学视角对于城市热环境优化的关注度不足，比起城乡规划中其他的研究方向，关于城市热环境优化的理论及实践成果相对有限，缺乏研究的深度与广度。研究区域往往局限于典型的住区、街区或校园等较为微观的城市片区，研究内容多涉及热舒适度等城市物理学、建筑物理学范畴，也有部分学者揭示了城市风环境与热环境的耦合机理，试图依靠调控风环境来优化热环境，忽视了城市热环境的形成机理以及热环境的其他因素。由于研究内容相对局限，因此难以形成有效应对热环境恶化、直接应用于规划实践的模式语言。

尽管近年来涌现出大量缓解城区热岛效应的研究，但也存在"就城区论城区""就热岛论热岛""重城内而轻城外"的问题，往往忽视了城区外围的农业空间、生态空间对城区内部热环境的影响，也缺乏从规划学视角对城区内部热环境的形成机理进行深入、系统的探讨，未能形成"宏观—中观—微观"全面、系统的研究成果。由此可见，城市热环境的研究存在一定的缺陷，还有不少值得进一步拓展的研究内容。为有效应对城市热岛效应问题，迫切需要基于系统科学的思维，结合城乡规划学的学科优势，开展城市热环境优化策略的理论研究。

1.2.3 城市热环境优化研究的主要内容

迄今为止，国内外众多学者主要依靠地面观测数据、卫星遥感数据或数字模拟技术，对城市热环境进行了大量的研究，具体的研究内容可分为以下几个方面：

1）城市热环境的时空演变研究

对城市热环境空间格局及其变化的研究多以热红外遥感为技术手段，

往往通过不同时间序列的面板数据,揭示在气候变化、城市化等因素的影响下,城市热环境的空间分布特征与时空演变规律。城市热环境空间格局的变化从时间范围上可以分为年际变化、季节变化、日间变化、昼夜变化等。分析城市热环境分布与演变的研究方法主要包括空间自相关分析、多距离空间聚类分析(Ripley's K 函数)、标准差椭圆、空间质心模型、热点分析(Getis-Ord Gi*)聚类等空间统计方法,或景观格局指数等景观生态学方法。

斯特鲁特克(Streutker,2003)通过比较休斯敦市 1985—1987 年与 1999—2001 年两个时段的夜间地表温度,分析了城市热岛范围及其强度的变化;索布里诺等(Sobrino et al.,2012)利用机载高光谱扫描仪(Airborne Hyperspectral Scanner)生成不同空间分辨率的热红外波段数据,探讨其在时间尺度与空间尺度对马德里市城市热环境分析的影响;乔治等(2019)运用中分辨率成像光谱仪(Moderate Resolution Imaging Spectroradiometer,MODIS)地表温度数据,从城市热力景观的类型比例、形状复杂程度、连续与集聚程度三个方面,分析了北京市不同季节、昼夜的热环境时空联系与分异。

2) 城市热环境的影响因素研究

(1) 土地利用/地表覆被变化对城市热环境的影响机理

土地利用/地表覆被直接决定地表的物理属性,进而对城市热环境的空间分布产生重要影响。众多研究表明,城市化引发的自然地表大量减少,是城市热环境恶化、城市热岛效应产生的主要原因。对土地利用/地表覆被变化与城市热环境关系的研究,主要通过若干组截面数据,定量探讨土地利用/地表覆被变化对热环境的影响机制,为缓解城市热岛效应问题提供科学依据。

此类研究多运用剖面线分析、城乡梯度分析等方法,探讨不透水表面、绿地、水域、裸地、耕地等不同土地利用类型的热环境状况,揭示其升温或降温作用。诸多研究表明,城市热环境的空间分布与土地利用类型分布大致吻合,建设用地具有明显的热岛效应,而绿地、水域具有明显的冷岛效应。拉扎里尼等(Lazzarini et al.,2013)通过比较阿布扎比城区内部与郊区昼夜的地表温度变化发现,在白天,由于郊区裸露的土地及沙漠的热岛效应,城区地表温度反而低于郊区;杨浩等(2018)运用天气研究和预测(Weather Research and Forecasting,WRF)模型模拟了京津冀地区土地利用时空格局对气温的影响;赵宏波等(Zhao et al.,2018)和高静等(2019)运用源汇景观理论及景观效应指数,量化了各类土地类型对城市热环境的贡献程度。

(2) 城市规模对城市热环境的影响机理

城市规模即城市用地与人口的总量,城市规模的增加是城镇化的直接体现。城市热岛效应是城镇化引发的生态环境问题之一,作为城镇化发展的定量化反映,城市规模必然与城市热环境存在某种形式的关联。奥克

(Oke,1973)较早地提出城市人口总量与热岛效应存在正向关联。根据既有研究,城市人口与城市热岛效应存在明确的正向关联,城市人口规模越大,城市热岛效应越强。而受研究样本的影响,城市建成区面积与热环境的关联结果差异明显。彭书时等(Peng et al.,2012)以全球419个大城市为研究样本,结果表明城市建成区面积与热岛效应并无显著关系。周德成等(Zhou et al.,2014)以我国32个城市为研究样本,结果表明城市的建成区规模与热岛效应的相关性较弱;谈明洪等(Tan et al.,2015)以京津冀1 124个城、镇、村为研究样本,发现在京津冀大于2 km^{2}的建成区中热岛效应与建成区面积显著相关。而英霍夫等(Imhoff et al.,2010)以北美地区45个城市为研究样本,发现城市建成区规模与热岛效应显著相关。由此可见,城市规模与城市热环境存在关联,但关联特征受统计样本的地域范围影响,分析结果差异较大。

(3)景观格局对城市热环境的影响机理

对景观格局与城市热环境关系的研究,具体可以分为以下两类:

一是对地表覆被状况进行定量描述,基于遥感技术计算得出的地表参数,如归一化植被指数(Normalized Difference Vegetation Index,NDVI)、归一化裸露土壤指数(Normalized Difference Soil Index,NDSI)或不透水表面覆盖度(Impervious Surface Percentage,ISP)、植被覆盖度等,分析上述地表参数与热环境的关系,探讨地表覆被状况对热环境的影响机制。如李斌等(2017)比较了不同尺度下归一化植被指数(NDVI)、归一化湿度指数(Normalized Difference Moisture Index,NDMI)与地表温度的相关性差异;祝新明等(Zhu et al.,2019)探讨了土壤调节植被指数(Soil Adjusted Vegetation Index,SAVI)、归一化建筑指数(Normalized Difference Built-Up Index,NDBI)、归一化湿度指数(NDMI)、归一化裸露土壤指数(NDSI)四类地表参数对地表温度的影响,并通过空间主成分分析法分析四类地表参数对地表温度的影响差异;于琛等(2019)通过分析不透水表面覆盖度与地表温度的二维空间特征,揭示了两者的相关关系及其变化特征;杨晨等(Yang et al.,2019a)运用总体耦合态势模型,揭示了不透水表面与地表温度时空演变过程中的耦合关系。

二是运用景观格局指数(landscape pattern index)描述各类景观的结构组成、空间配置,以探讨景观的空间格局信息与热环境的关系,具体可分为类型层面(class level)与景观层面(landscape level)对景观格局的描述,主要包括景观斑块的比例丰度、破碎程度、聚集程度、形状及空间结构的复杂程度等形态特征、空间分布的信息。研究方法多为相关性分析、回归分析、景观效应指数等。陈爱莲等(Chen et al.,2014)分析发现,并不是所有的景观格局指数都会对地表温度变化产生影响,进而提出了五个具有较好解释能力的景观格局指数。李柏延等(Li et al.,2018)和雷金睿等(2019)均对绿地、不透水地表的景观格局指数与地表温度进行了耦合关联分析,结果表明,连续集中的大型绿地斑块的降温作用更显著,而不透水表面越连续集中,其产生的热岛效应越强。郭冠华等(Guo et al.,2019)以广州、佛山、东莞和深圳四个城市为研究区域,通过线性回归模型分析了在不同空间尺度下,城市绿地的类型比例、斑块数量、形状指数及最大斑块指数与地表温度的关系,结果表明,绿地景观格局对热环境的影响作用受空间尺度影响明显。王耀斌等(2017)和彭建等(Peng et al.,2018)对景观层面的景观格局指数与地表温度进行了相关性分析,揭示了景观的配置状况与热环境的关系,即在景观层面中,景观斑块的破碎程度、形状的复杂程度、空间结构的复杂程度、各类景观的均匀程度均会对热环境产生显著影响。

(4) 城市用地功能类型对城市热环境的影响机理

城市用地功能类型直接表征城市内部各类土地所承载的社会经济活动类型,如居住、商业、工业、物流仓储等。用地功能类型的差异意味着人类活动类型、用地空间特征、能源消耗及热排放量的差异。因此,城市用地功能与城市热环境的空间分异显著相关。

黄亚平等(2019)以武汉市主城区为例进行研究,结果表明,工业区以及人流、车流集中的中央商务区与城市热岛效应的形成具有较强的关联性;闵敏等(Min et al.,2019)以南京市中心城区为实证对象进行分析,结果表明,用地功能类型的空间分布与城市热环境的空间分异显著相关,其中工业用地的升温效应最为明显;杨智威等(2019b)基于广州市兴趣点(POI)数据,构建多种用地功能类型的自然区块,揭示自然区块下的城市热场空间分异,分析表明,各功能类型的热环境足迹范围差异明显,总体呈现"工业区块＞商业服务业区块＞居住区块＞道路与交通区块＞公共管理与服务区块"的态势;姚磊等(Yao et al.,2019)运用北京市的伊科诺斯(IKONOS)遥感影像发现,不同功能类型的热力属性差异明显,其平均地表温度的差值为1.72—3.85 ℃,城市热岛区域多由居住区、工业区以及商业区构成。

(5) 城市空间形态对城市热环境的影响机理

城市空间形态即城市物质空间的结构与形式,是在微观尺度下对城市空间格局的定量描述。城市空间形态能改变城市地表的辐射得热与对流换热。研究表明,街道高宽比、天空可视度、建筑密度、建筑体积密度、建筑孔隙率等城市空间形态指标均会影响城市内部的微气候环境。城市空间形态对热环境的影响比较复杂,如建筑密度、天空可视度的增加,一方面可促进空气流动,进而有利于局部区域的对流散热;另一方面局部地区建筑密度、天空可视度的增加也意味着该区域受到的太阳辐射也会升高,进而导致温度上升。岳亚飞等(2018)基于局部气候区理论,建立建筑密度、建筑体积密度等空间形态指标与地表温度的回归模型。

经过众多学者的努力,城市空间形态的热环境效应研究在近些年得以深入拓展,但在研究内容与方法上仍存在些许不足:① 关于城市空间形态的选取尚需完善。一方面,对于已经建成的城市片区,如何调整和改造既有的城市形态以改善城市热环境,具有更重要的意义。但大部分分析更多地关注城市空间形态指标与热环境的关联,对所选指标的规划应用前景关注较少。另一方面,城市空间形态指标的选取主要侧重于对建筑物、构筑物的定量描述,对植被、水体的形态影响关注较少。② 对城市空间形态深层次的影响机理关注不足。既有研究以线性分析为主,缺乏对城市空间形态、热环境空间上的邻近效应、空间自相关方面的关注。

(6) 社会经济因素对城市热环境的影响机理

人类活动影响地表热量的流动与转换,人口密度、经济发展状态、交通路网密度等社会经济因素是加剧热岛效应的重要驱动力。彭保发等(2013)利用1961—2010年上海城区与郊区的气象资料,探讨了城市热岛效应对人口、经济等因素的响应规律,结果表明,经济发展、能源消耗增加、人口增长、房地产开发等均会加剧城市热岛效应。米切尔等(Mitchell et al.,2014)基于陆地卫星(Landsat)等数据,运用空间统计方法,探讨了城市热环境与人口空间分布的关系,分析显示,贫困人口、个别种族聚集的区域地表温度较高。

3) 城市热环境的优化策略研究

(1) 绿色空间冷岛效应的研究

利用森林、城市绿地及湖泊、河流等水体形成"冷岛效应"是缓解城市热岛的有效方法。众多学者以森林、公园绿地、水体等为研究对象,探讨其降温效果,并揭示其空间形态等特征因素对降温效果的影响。冯悦怡等(2014)以北京市区的24个公园为研究对象,分析了城市公园的空间结构、景观斑块的形态对其降温效果的影响。贾宝全等(2017)运用陆地卫星(Landsat)遥感数据,定量评估了北京市造林工程的降温效果,结果表明,林地可对周边城区等地产生明显的降温效果。斯里瓦尼特等(Srivanit et al.,2019)分析了泰国清迈市区内绿地斑块的面积、周长、形状等特征与其本身降温作用的关系。

(2) 规划实践项目应对城市热岛的途径

国内外的诸多规划实践项目,为城市热环境的优化提供了有益的借鉴。本书梳理了国内外应对城市热岛的规划实践项目。尽管国内外相关规划实践的侧重点有所不同,但是也存在诸多共性的内容,整理归纳后发现,具体的城市热环境优化主要是通过调整土地利用格局、交通体系、城市绿地及城市空间形态四个方面来实现的。调整土地利用格局主要包括限制城市的无序扩张,保持城市周边重要的森林、湖泊等,形成城市的生态"冷源"地;交通体系方面主要包括合理规划城市用地布局,科学组织公共交通及道路网络,尽量减少私人汽车的使用,以减少交通出行产生的能源消耗;调整城市绿地,主要是优化植被、水体等降温要素的空间构成及形态结构,以最大限度地发挥其降温效果;城市空间形态方面主要包括控制建筑高度、形状、体量及建筑组合的空间形态等,以减少太阳辐射,并导风散热。此外,建筑尽量使用高反射率、可有效隔热的外围护结构,以减少建筑能耗。

1.3 城市热环境优化研究与探索

1.3.1 城市热环境优化研究的现状分析

根据对国内外关于城市热环境研究的现状、成果进行的综述，本书认为，尽管以往的研究取得了不少成果，但以下几个方面仍有待完善：

1) 研究内容层面

根据对已有文献的梳理，既有研究普遍未认识到城市热环境优化是一个系统性问题，普遍存在"重要素而轻系统""重局部而轻整体"的倾向，未认识到城市热环境优化是一个从整体到局部、多要素相协调的问题，缺乏对城市热环境优化进行系统性的理论研究。

首先，既有研究存在"重要素而轻系统"的倾向。研究多局限于单一学科视角，探讨如何优化景观格局等单一因素，以缓解城市热岛效应。例如，在探讨城市热环境的调控机理方面，景观生态学领域多分析景观格局与城市热岛效应的关联机理，而城乡规划学领域则多探讨局部街区三维空间形态对微气候的影响。然而，城市热环境是受多因素影响的复杂系统，如果不能全面、系统地将城市空间与城市热环境结合在一起全盘考虑，必然会造成部分研究内容的缺失，难以形成系统的城市空间优化途径。

其次，以往研究存在"重局部而轻整体"的倾向。既有研究普遍"重城内而轻城外"，多探讨如何调整城区内部景观格局、公园绿地、建筑群体空间形态等以缓解热岛效应，忽视了城区外部广大空间对城市热环境的影响。2019年，我国城市建成区面积占全国陆地面积的比重不足1‰，城区外部的广大空间对城市热岛具有十分重要的影响。我国现行的国土空间规划是统筹各类发展规划的革新。这意味着解决城市热环境问题不再局限于城区内部，而是要统筹考虑城镇空间、农业空间、生态空间；此外，城乡规划领域对城市热环境的关注较少，多局限于典型住区、街区或校园等局部空间，或关注建筑群尺度的室外热舒适度问题，缺乏对城市整体层面的关注，这造成了现有研究的系统性有限。

综上所述，以往研究未认识到城市热环境优化是一个从整体到局部、多要素相协调的问题。迫切需要拓宽视野，构建包含多维要素、统筹整体与局部的系统化技术框架，实现城市空间与城市热环境优化的多维度、系统化衔接，以形成综合、全面的理论研究成果。

2) 研究方法层面

既有研究多运用相关性、普通线性回归分析等传统的统计分析方法，探讨相关因素与城市热环境的关联机理，虽然取得了大量成果，为城市热环境优化提供了有益的科学依据，但没有充分考虑城市热环境及其影响因素的空间信息，忽略了上述空间变量的空间自相关性与空间邻近效应。然而，表征城市热环境的地表温度、热岛强度等量化指标，以及影响城市热环境的相关因素属于空间变量,空间变量本身均可能存在空间自相关性及空间邻近效应。传统的统计分析方法难以进一步探讨相关因素的空间变异性对城市热环境的影响。这无疑影响了研究结果的科学性,进而制约了研究成果的应用前景。

未来研究应考虑应用空间统计方法,探讨空间变量之间的空间效应,以有效提升研究成果的准确度与适用性。

3) 成果应用层面

既有研究存在"重规律分析而轻规划实施"的倾向。当前以基础研究为主,大多基于地理学、景观生态学等学科视角,旨在挖掘城市热环境与相关影响因素的耦合关联,为城市热环境优化提供科学依据。然而,对分析结果应用实施的探讨较少,更缺乏基于实证分析结果的规划设计策略。这导致城市热环境的基础研究与规划设计环节脱节,既有研究成果难以发挥其应用价值,未能有效指导城市开发建设与规划设计。

此外,尽管当前众多学者对城市热环境优化进行了大量有益的探索,但多针对单一城市、局部地区进行实证研究,分析成果的质量、深度参差不齐,缺乏对城市热环境共同规律的挖掘,难以形成具有可推广及普遍性指导意义的城市热环境优化策略与规划设计模式语言。

因此,迫切需要协调与衔接城市热环境优化的基础研究与规划实施,将基础研究中的耦合关联与规划实施中的优化策略相结合,并挖掘其中的共性规律,以形成可推广应用的规划标准与设计规范。

1.3.2　城市热环境优化研究的基本框架

城市热环境优化是指通过调整城市空间以缓解城市热岛效应,提升城市热环境品质。基于此,本书按照"理论框架—优化原理—规划策略"的思路,构建城市热环境优化的理论框架,剖析城市热环境优化的科学原理,进而构建可操作、易推广的城市热环境优化策略体系。

在理论框架方面,本书第2章以城市空间异质性为切入点,基于城市空间的层级结构,结合从整体到局部逐步具体化的城市热环境优化思路,将城市热环境优化的要素分为城市规模(规模)、景观格局(格局)、用地功能(功能)、空间形态(形态),形成"规模—格局—功能—形态"的城市热环境优化逻辑思路。在此基础上,构建了城市规模管控、景观格局重构、用地功能布局、空间形态设计的城市热环境优化体系,为具体的实施策略形成系统框架。

在优化原理方面,本书第3—6章分别通过揭示城市规模、景观格局、用地功能、空间形态与城市热环境的关联规律,进而解析了城市规模管控、景观格局重构、用地功能布局、空间形态设计的原理,为制定城市热环境优化策略提供科学依据。

本书第3章为城市规模管控的原理部分,系统分析了城市发展与城市热环境的空间关系,运用回归分析等方法,揭示了城镇建成区斑块面积、人口密度对城市热环境的驱动机制。

本书第 4 章为景观格局重构的原理部分,综合应用景观生态学的理论与技术方法,揭示了各类景观的热环境效应,解析景观斑块的比例丰度、聚集程度、形状复杂程度、景观均匀程度等景观构型特征对城市热环境的影响机理。

本书第 5 章为用地功能布局的原理部分,从用地的土地使用功能与气候调节功能两个方面入手,揭示用地功能与城市热环境的空间关联。在气候调节功能方面,分析绿地、水域斑块的降温效果。在土地使用功能方面,分析居住、工业、商业等多种用地功能类型的热力特征及其对邻近区域热环境的影响。

本书第 6 章是空间形态设计的原理部分,应用局部气候区(local climate zone)理念,实现城市热岛及空间形态的"化整为零",分析各局部气候区中空间形态因素与热岛强度之间的空间响应规律。

在规划策略方面,本书第 7 章基于闽南三市城市规模、景观格局、用地功能以及空间形态对城市热环境的影响机理,提出了覆盖闽南三市全域的规划策略,具体包括城市规模管控、景观格局重构、用地功能布局、空间形态设计。上述四个维度的策略共同形成了"规模—格局—功能—形态"多层次、多维度的城市热环境优化体系,以期为城市热环境优化实践提供参考。

本书第 8 章是在对全书进行回顾与总结的基础上,对未来城市热环境的优化研究进行展望。

2 城市热环境优化的理论框架

理论框架是城市热环境优化的基础。由于城市热环境优化的途径是调整城市空间,因此,构建理论框架的基础是厘清城市热环境优化的要素,即所要调整的城市空间要素,如建成区规模、街区空间形态等。本章结合城市空间的异质性,将城市热环境优化要素划分为城市规模、景观格局、用地功能、空间形态。在此基础上,形成了城市规模管控、景观格局重构、用地功能布局、空间形态设计多维度的城市热环境优化体系,为城市热环境优化提供了系统的理论框架。

2.1 城市热环境优化的逻辑思路

城市热环境优化的要素复杂多样,厘清城市热环境优化的诸多要素及其相互关系,是构建城市热环境优化理论框架的基础。本节以城市空间异质性为切入点,旨在实现城市空间与城市热环境系统的衔接。通过城市空间分类与层级结构分析方法,按照空间可辨析程度由低到高的递进过程,形成城市空间的层级结构。在此基础上,结合规划设计从整体到局部逐步具体化的模式,提出各层级的城市热环境优化思路,以此厘清了各层级下的城市热环境优化要素,进而实现了城市空间与城市热环境的多维度衔接,形成了基于"规模—格局—功能—形态"多维度的城市热环境优化逻辑思路。本节具体的研究思路如图2-1所示。

2.1.1 城市空间异质性

城市热环境影响因素的复杂性决定了城市热环境优化要素的复杂性。如何形成系统、全面的城市热环境优化框架是当前研究的重要议题。

为厘清城市热环境优化要素的层次结构,本书引入城市空间异质性这一对城市空间特征的认知,指出城市空间异质性与城市热环境优化密切相关,为确立城市热环境优化的逻辑思路提供理论基础。

1) 城市空间异质性的概念与意义

城市空间异质性是指城市中各种物质要素空间分布的复杂性(王效科等,2020)。作为一个完整的人与自然的复合系统,城市空间内部结构复杂,特别是构成要素在空间上存在巨大变化。

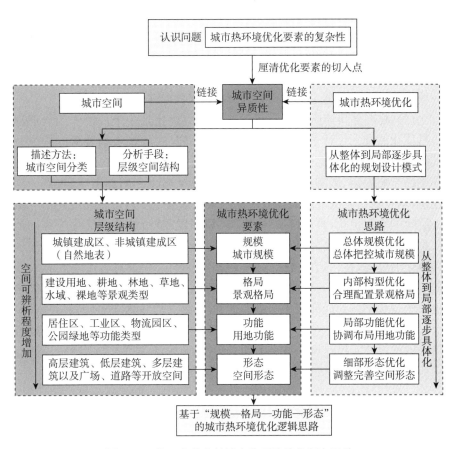

图 2-1 基于多维度的城市热环境优化研究思路

空间异质性既是影响生态过程演变的驱动因素,也是城市生态过程演变的结果,不但对城市生态系统的过程、功能和服务具有重要影响,而且体现出各种城市生态过程变化的后果。从一栋房屋到一座城市,任何形式的城市建设都是对城市空间异质性的重构。这种对城市空间异质性的重构会直接影响局部街区甚至是整个城市。

国土空间规划、城乡规划就是将规划区域内的各种建筑、植被及人类活动等配置在不同的地点,通过高度异质性的空间设计,为人类长期发展提供适宜、高效、可持续的生活与生产环境(Jenerette et al., 2006),而城市热环境优化的本质就是调整城市空间异质性。因此,城市热环境优化应将城市空间异质性作为关注的重点之一。

2) 城市空间异质性与城市热环境优化的联系

城市空间异质性与城市热环境优化具有密切的关联,具体包括以下两点:

(1) 城市空间异质性是引发城市热环境空间分异的重要原因,城市热环境优化的实质是对城市空间异质性的重构。人类活动导致城市下垫面改变,直接会影响地表对太阳辐射的吸收,是城市化形成热岛效应的重要途径,而这种城市下垫面的改变直接反映在城市空间异质性格局中(Zhou et al.,2016;Liao et al.,2017)。以建筑密度、植被覆盖度等参数作为城市空间异质性的定量化表达,揭示城市热环境与城市空间异质性的耦合关联,业已成为研究城市热环境优化依据及方法的主要途径。因此,城市热环境优化的本质是通过对城市空间异质性的重构来缓解热岛效应。

(2)城市空间异质性决定了城市热环境优化是一个从整体到局部逐步具体化的规划设计过程。城市空间异质性反映的是空间要素的构成及其结构的盘根错节,这既导致了城市热环境的空间分异,也导致了城市热环境的影响因素、影响机理的复杂性。从整个城市到局部街区,再到一栋建筑,均存在引发或加剧热岛效应的因素。这决定了通过整体或局部等单一层次的空间优化,难以解决城市热环境问题,城市热环境优化应是一个从总体到细部多维度的过程。此外,规划设计本身就是从整体到局部逐步具体化的过程,在一定程度上,这一逐步递进的过程是对城市空间异质性的响应。因此,作为一种应对城市气候变化的规划设计,城市热环境优化也必然是从整体到局部逐步递进的过程。

综上所述,城市空间异质性与城市热环境优化具有密切的关联。城市热环境优化的实质是调整城市空间异质性,而城市空间异质性决定了城市热环境优化是一个从整体到局部逐步具体化的规划设计过程。

2.1.2 城市空间的层级结构

1)城市空间分类

空间是描述城市空间异质性的基础单元(王效科等,2020)。从城乡规划的学科视角来看,空间的概念是宽泛的,可以是一个城市斑块,一个居住区,一个街区,甚至是一栋建筑。

分类是一种基本的分析手段,它将特性相同或相似的对象划分成一类,以便对同类对象进行分析、比较或管理。因此,可通过对城市空间进行分类,以进一步刻画、表征和分析城市空间的异质性。根据分类指标的不同,城市空间可分为多种多样的类型。如以土地覆盖(land cover)类型进行分类,关注地表自然营造物与人工建筑物的覆盖特点;或以土地利用(land use)类型进行分类,重在反映土地空间单元的人类活动特点,多采用功能分类方法,主要体现城市空间单元的社会经济功能。

2)城市空间的层级划分

整个城市是由众多不同层次和范围的空间单元组成的,大到城市群,小到街区或建筑,任何一类尺度范围较大的空间都可分解为若干尺度范围较小、等级较低的空间。

层级结构分析是针对复杂系统,通过逐层分级,找到合适的层级水平开展研究。将层级结构分析和空间分类相结合,形成城市空间的层级结构,对研究复杂的城市空间具有很大优势,也符合规划设计的层次递进过程。根据城市空间的层级结构,城市是由一系列空间要素在不同空间范围、单元、尺度上所形成的复杂多维综合体,城市空间的异质性是耦合了多层次空间的组织结构。而这与规划设计从整体到局部逐步具体化的过程相契合,规划设计逐步具体化的过程实质是对空间可辨析程度逐渐加强的响应。

本章结合规划设计的层次,依据空间分辨率的变化,即粒度变化,对城市空间进行逐层划分。从整体到局部,空间可辨析程度逐渐加强,空间信息愈发详细;反之,从局部到整体,空间分辨率逐渐降低,空间信息综合性逐渐增强。在空间分辨率最低、空间信息综合性最强的总体层面,整个研究区域可分为城镇建成区、非城镇建成区(自然地表);当空间分辨率进一步增加,整个区域可进一步分为不同的景观类型,如建设用地、草地、林地、裸地、水域等景观;而从相对局部的层面上看,城市建设用地则包含了居住区、商业区、工业区等多种功能的区块;当空间分辨率进一步增加,每一个功能区块又包含草坪、湖泊、道路、建筑等多种空间(图2-2)。

面对复杂的层级结构,城市热环境优化应该首先探讨如何划分城市空间的层级水平;其次需要研究城市空间对城市热环境的影响因素及其层级关系,厘清同层级下城市热环境的优化要素;最后在厘清城市热环境优化要素调控机理的基础上,与规划设计实践相结合,明确如何协调、衔接不同的空间层级,以期指导城市热环境优化。

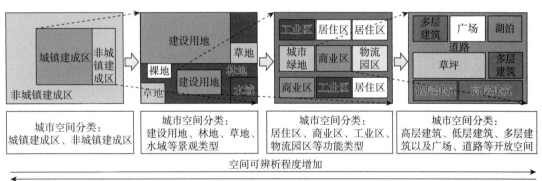

图2-2 城市空间多层级结构示意图

2.1.3 城市热环境优化要素的界定

1) 优化要素的分类

作为城市空间异质性的重要认识与分析方法,城市空间分类与层级结构分析形成了城市空间的多层级结构,为厘清城市热环境优化要素的层次提供了解释框架。同时,这种层级结构也与城市热环境优化的层次递进过程相契合。规划设计的过程是逐层递进的,规划设计是从整体到局部逐步具体化的过程,规划设计的实践成果将从大到小逐渐落在相应的空间范围内。作为一种应对城市气候变化的规划设计,城市热环境优化也必然是逐层递进的过程。

基于此,本书针对各层级的城市空间分类,结合规划设计从整体到局部逐步具体化的模式,提出各层级的城市热环境优化思路,以此厘清各层级下的城市热环境优化要素(表2-1)。

表2-1 城市热环境优化要素的层级划分

城市空间分类	城市热环境优化思路	优化要素
城镇建成区、非城镇建成区(自然地表)	(1) 总体把控建成区的斑块面积、人口分布; (2) 基于对城市热岛、城镇格局的整体研判,提出城市总体布局以合理管控城市规模,并指导后续城市热环境优化布局	城市规模
建设用地、耕地、林地、草地、水域、裸地等景观类型	(1) 依据景观的热力属性,控制景观的组分; (2) 识别降温斑块,谋划自然山水与城市空间格局,构建城市绿道体系,形成城市降温骨架; (3) 提出各类景观的协调布局策略	景观格局
居住区、工业区、商业区、城市绿地等用地功能类型	(1) 合理组织用地功能布局,并提出各类用地性质的内部空间优化措施; (2) 建构绿色基础设施体系,整合城市蓝绿空间	用地功能
高层建筑、低层建筑、多层建筑以及广场、道路等开放空间	(1) 对三维空间形态进行控制,重点关注建筑密度、建筑体积密度、天空可视度等; (2) 提出建筑群体组合、建筑单体形态控制等方面的优化措施	空间形态

从整体视角来看,城市空间可分为城镇建成区与非城镇建成区(自然地表)。在这一层面,更多关注城市空间扩展对热岛效应的影响,城市热环境优化的主要途径是对建成区斑块规模、人口分布等进行总体把控。基于对研究区域城市热岛、城镇空间分布的整体研判,提出城镇空间结构等城市总体布局,以合理管控城市规模,并指导后续城市热环境优化布局。因此,在该视角下,城市热环境优化的关键在于合理管控城市规模,城市热环境优化要素主要是反映城市空间总体信息的建成区斑块面积、人口密度等。参考相关文献(Tan et al., 2015;刘焱序等,2017),本书将该层面的城市热环境优化要素定义为城市规模。

随着空间分辨率的增加,城市空间可进一步分为建设用地、耕地、林地、草地等不同的景观类型。在这一层面,主要关注景观空间格局分异所导致的热环境变化,判别景观的热力属性,提出景观组分管控策略。梳理城市热环境与景观分布的响应规律,识别降温斑块,谋划山水城形态格局,构建城市绿道体系,形成城市降温骨架。结合景观空间分布特征的热效应,提出各类景观的协调布局。因此,在该视角下,城市热环境的优化要素可归纳为景观的类型及其空间格局分布特征,即景观格局。

在景观分类的基础上,城市空间可分为居住区、商业区、工业区等反映不同用途的功能区块。应合理布局用地功能,并提出各类用地性质的内部空间调整方法,建构城市绿色基础设施框架,整合城市蓝绿空间。因此,在该视角下,城市热环境的优化要素可归纳为不同用地的功能类型,即用地功能。

在用地功能的基础上,城市空间可进一步划分为草坪、湖泊、道路、建筑等多种空间。城市热环境优化应对城市三维空间形态进行调整,重点关注建筑密度、建筑体积密度、天空可视度等与局部地区微气候相关的空间形态特征。结合建筑组合布局与热环境的关系,提出建筑群体组合、建筑单体形态控制等方面的优化措施。在这一层面,建筑密度、街道高宽比等反映三维空间特征的空间形态成为城市热环境的优化要素。

基于此,本章将城市热环境的优化要素划分为规模、格局、功能、形态四类。规模即城市规模,具体是指城市土地,即城市建成区的面积规模,以及城市人口数量规模等总体信息;格局即景观格局,具体是指各类景观的空间分布与配置状态;功能即用地功能,是指各类土地的用途;形态即空间形态,具体是指城市空间要素平面、立面的物质实体形态。上述四类优化要素形成了从整体到局部的多层次结构,存在"总体—内部—局部—细部""数量—结构—属性—形式"的递进关系(图2-3)。

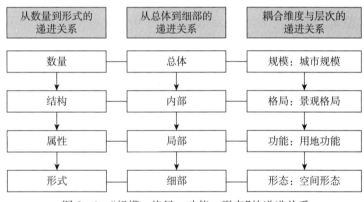

图2-3 "规模—格局—功能—形态"的递进关系

2) 优化要素的定义

本节基于前文的论述,参考相关优化要素与城市热环境关联的实证分析,定义了城市规模、景观格局、用地功能、空间形态四类城市热环境优化要素的概念及其表征因子(表2-2)。

表2-2 城市热环境优化要素的定义与表征因子

优化要素	定义	表征因子
城市规模	城市土地面积与人口数量	城镇建成区的斑块面积、人口密度以及夜间灯光亮度
景观格局	景观的空间分布与配置状态	景观类型、类型层面的景观格局指数、景观层面的景观格局指数
用地功能	各类用地为城市正常运转而发挥的作用	居住区、工业区、商业区、城市绿地等用地功能类型
空间形态	城市空间要素平面、立面的物质实体形态	建筑密度、建筑体积密度、天空可视度等空间形态指标

(1) 城市规模

城市规模是指城市土地面积与人口数量,是城市空间格局在整体视角下的概化,城市规模的增长是城镇化的直接表现。本书所涉及的城市规模是指空间单元化的城市土地面积、人口数量等城市规模信息。

传统意义上的城市规模是城市人口、建成区面积的总量,其信息综合性较强,难以全面反映研究区域内部的空间异质性特征,研究结论对未来空间规划的应用价值比较有限。在空间单元视角下,探讨如何把控城市规模以缓解城市热岛效应,对未来城市热环境优化更具有现实意义与理论价值。

基于此,本书通过以下三项指标定义城市规模:① 城镇建成区斑块面积,以城镇建成区斑块为单位,反映单一建成区斑块的面积规模;② 人口密度,反映单位面积内的人口规模;③ 夜间灯光(Nighttime Light,NTL)亮度,反映单位面积内的城市土地面积与人口数量的城市规模综合信息。单一的面积或人口规模指标难以综合反映城市规模的信息。星载传感器观测到的夜间灯光亮度是准确、综合反映城市规模的良好数据源,其亮度数值与评估城市发展的各类指标有显著相关性。人口密度越大、建设用地越多的区域,夜间灯光亮度越大(Song et al.,2018)。此外,城市发展是城镇化的空间表现,也是土地、人口城市化的集中体现。在整体视角下,城市及其时空演变过程是导致城市热环境变化最主要的驱动因素。基于此,本书以夜间灯光亮度表征城市发展状况,作为网格单元尺度下集中反映城市土地面积与人口数量的城市规模综合量化指标。

综上所述,本书以城镇建成区斑块面积、单位面积内的人口规模(人口密度),以及综合反映面积与人口信息的夜间灯光亮度来表征城市规模。

(2) 景观格局

景观格局是景观的形态学展示,具体指绿地(林地、灌木地、草地)、水域、建设用地、裸地等景观的空间分布与配置状态。本书以景观类型、景观空间构型反映景观格局信息。景观格局的空间异质性直接反映地表覆被及其物理属性的空间差异。因此,作为改变地表能量平衡的主要原因,景观格局的时空分异特征对城市热环境具有十分显著的影响。

景观类型的分类依据是地表覆被类型,如植被、水体、不透水地表、裸土等,具体可以分为耕地、绿地、水域、建设用地、裸地等(表2-3)。

表2-3 景观分类及其热环境意义

景观类型	典型空间	热环境意义
耕地	旱地等农田	反映农业生产景观的热环境效应
绿地	林地、草地、防护绿地、城市公园绿地等	反映乔木、灌木、草本植物等植被覆盖的景观的热环境效应
水域	河流、湖泊、水库、湿地等	反映水体景观的热环境效应
建设用地	城市、乡镇的建成区	反映人工开发建设的不透水地表斑块的热环境效应
裸地	沙漠、戈壁、裸土地等	反映裸露土壤、沙土景观的热环境效应

景观空间构型是指景观的空间结构特征,具体包括景观斑块的连续程度、形状复杂程度、分散与聚集程度等空间信息。景观空间构型直接影响该地区受太阳辐射的热量吸收与蒸散过程,同时也会与局地景观内部热量的流动性有关。本书参考相关文献(雷金睿等,2019;沈中健等,2020b,2021b;Guo et al.,2020),从类型、景观两个层面选取九个景观格局指数(表2-4),从景观优势度、形状的复杂度、聚集度及景观多样性四个方面反映景观空间构型。

(3) 用地功能

用地功能是指城市各类用地为城市正常运转而发挥的作用。在城市

表2-4 景观格局指数及其含义

景观格局指数	层面	含义	计算公式	单位
景观类型比例 (Percentage of Landscape,PLAND)	类型	某类景观斑块占景观总面积的百分比,反映景观类型的比例丰度	$\mathrm{PLAND}=\dfrac{\sum_{j=1}^{n}a_{ij}}{A}$	%
斑块密度 (Patch Density,PD)	类型/景观	单位面积内景观斑块的数量,反映景观的破碎程度	$\mathrm{PD}=\dfrac{n_i}{A}$	个/km²
边缘密度 (Edge Density,ED)	类型/景观	某类景观或所有景观斑块的周长总和与景观总面积的比值,反映景观斑块形状及边缘效应	$\mathrm{ED}=\dfrac{\sum_{k=1}^{m}e_{ik}}{A}$	m/hm²
最大斑块指数 (Largest Patch Index,LPI)	类型/景观	某类景观中最大斑块占景观总面积的比重,反映景观的优势度	$\mathrm{LPI}=\dfrac{\max(a_{ij})}{A}\times 100\%$	%
聚集度指数 (Aggregation Index,AI)	类型/景观	反映景观斑块聚集与连接的程度	$\mathrm{AI}=\left[\dfrac{g_{ij}}{\max(g_{ij})}\right]\times 100\%$	%
平均斑块面积 (Mean Patch Area,Area_MN)	类型	某类景观斑块面积的平均值	$\mathrm{Area\_MN}=\dfrac{A_i}{n_i}$	hm²
景观形状指数 (Landscape Shape Index,LSI)	类型/景观	反映景观斑块形状的复杂程度	$\mathrm{LSI}=\dfrac{0.25\times\sum_{k=1}^{m}e_{ik}}{\sqrt{A}}$	—
景观分割指数 (Landscape Division Index,DIVISION)	景观	反映景观斑块的破碎程度与空间结构的复杂程度	$\mathrm{DIVISION}=\left[1-\sum_{i=1}^{m}\sum_{j=1}^{n}\left(\dfrac{a_{ij}}{A}\right)^2\right]$	—
香浓均匀度指数 (Shannon's Evenness Index,SHEI)	景观	表征各类景观斑块的面积比例及分布的均匀程度,反映景观结构的异质性	$\mathrm{SHEI}=\dfrac{-\sum_{i=1}^{c}(P_i\times\ln P_i)}{\ln c}$	—

注:a_{ij}为景观类型i中斑块j的面积大小;A为景观的总面积;n_i为景观类型i的斑块数量;e_{ik}为斑块i中斑块k边缘的周长;g_{ij}为景观类型i中像素(栅格)相似邻接的数目;$\max(g_{ij})$为景观类型i中像素(栅格)相似邻接数目的最大值;A_i为景观类型i的总面积;P_i为景观类型i的景观类型比例;c为所有景观中景观类型的数目。

景观分类的基础上,各类景观也是包含多种功能类型的集合,如建设用地同时包含居住、商业、工业、交通等多种功能的用地。因此,城市土地的功能分类是在景观分类的基础上,对城市空间的进一步刻画。

基于城市热环境视角,城市各类用地的主导功能可分为土地使用功能与气候调节功能。土地使用功能是指承载城市社会经济活动,维持居民生产、生活的作用,如居住、工业、商业、物流仓储、公共服务等功能。气候调节功能即缓解城市热岛效应,优化局地微气候环境的功能。城市的居住用地、工业用地等建设用地以及耕地、裸地的主导功能为土地使用功能,而城市公园绿地、水域的主导功能为气候调节功能(表2-5)。

表2-5 城市热环境视角下的城市用地功能分类

主导功能类型	景观类型	子功能类型
气候调节功能	绿地	植被调节功能
	水域	水体调节功能
土地使用功能	建设用地	居住、公共管理与服务、商业、工业生产、物流仓储、交通、公共设施等
	耕地	农业生产
	裸地	—

绿地、水域所包含的子用地类型多为公园绿地、防护绿地及自然生态用地。从对城市热环境的影响来看,气候调节的功能属性与用地性质关联较小,主要受地表覆被类型的影响。由于地表覆被类型的差异,因此绿地的具体功能为植被调节功能,水域的功能则为水体调节功能。

建设用地包含的功能类型则比较复杂,可依据具体的土地配置利用方式分为居住、商业、工业、交通等多种功能,空间异质性较强,因此城市热环境空间分异特征显著。

(4) 空间形态

空间形态是指城市空间要素平面、立面的物质实体形态,主要与建筑、道路、广场、公园等空间的组合形式有关。本书采用建筑密度、建筑体积密度等空间形态指标,以定量描述空间形态特征。空间形态是在二维空间信息参数的基础上增加了高度信息,此时,对城市空间的描述不再是一个简单的平面,而是增加了在垂直空间上的拓展,即城市的三维空间特征信息。诸多分析表明,空间形态中的建筑体量、街道高宽比等对城市热环境具有显著的影响。

目前,相关研究主要从空间的疏密程度、围合程度、高度起伏变化、表面反射率等方面对空间形态进行定量描述。空间形态定量化的指标主要包括高度指标、体积指标、综合指标等类型。高度指标如建筑平均高度、建筑高度标准差;体积指标主要包括建筑物体积、容积率(Floor Area Ratio,FAR)、开放空间率、建筑体积密度等;综合指标包括天空可视度、街道高宽比等。

2.2 城市热环境优化的体系构建

基于前文对城市热环境优化要素的界定,本书建构了包含城市规模管控、景观格局重构、用地功能布局、空间形态设计四个维度的城市热环境优化体系。城市规模、景观格局、用地功能、空间形态是实现城市热环境优化所要调整的对象,四者对城市热环境的影响机理是城市热环境优化的原理。基于城市热环境优化的原理,可提出城市热环境优化的规划策略,从而形成从理论框架、科学原理到策略体系的城市热环境优化方法体系。

2.2.1 城市规模管控

1) 城市规模管控的原理解析

城市热岛效应是城镇化引发的生态环境问题之一,作为城镇化的直观表现,城市规模必然与城市热环境存在某种形式的关联。在相关的研究领域,存在"城市规模越大,城市热岛效应是否随之增强"的研究命题。城市规模对城市地表热量平衡具有多重复杂的驱动机制。众多研究表明,城市规模与城市热岛效应存在明显的正向关联。

随着城镇建成区面积的增长,邻近的植被、水域被建设用地侵占,使得大量自然生态斑块破碎化,减弱了地表的蒸散作用,进而导致热岛效应加剧。随着城镇建成区的持续扩张,相对孤立的较小城镇建成区斑块逐渐合并,累积形成的热效应进一步加强。当城镇建成区面积达到一定的阈值时,其巨大的热容量会对周边其他区域产生升温作用;相比之下,人口规模对城市热环境具有多重复杂的驱动机制,大致可以总结为通过能源消耗、土地利用的方式,对城市热环境产生胁迫效应。城市人口的增长导致了生活、生产的能源消耗增加,进而加大了人为热排放量,导致热岛效应加剧;人口的增长会导致对粮食等生活资源的需求增大,进而导致人为开垦增加,驱使农田侵占林地、湖泊等自然生态空间,自然地表的减少则强化了城市热岛效应。城市人口的集中导致城市内部空间资源不足,这促使城镇建成区进一步扩张,从而加剧了热岛效应;此外,人口规模可通过经济发展、技术进步等影响城市热环境(方创琳等,2019)。

城市规模对城市热环境的影响往往体现在城市热环境的时空演变过程中(Dutta et al.,2020),揭示城市发展与城市热环境的时空演变关系,从整体上把握城市热环境问题及其形成原因,可为解释城市规模对城市热环境的影响机理提供理论支撑,也可梳理城市发展格局与热环境的总体特征,以谋划全域总体的城市空间格局。

此外,仅揭示城市规模对城市热环境的驱动力显然不足以诠释其影响机理,难以为减缓城市热岛效应提供依据。更需要明确的是,在何种取值范围内,城市规模指标可较强的影响城市热环境。科学界定城市规模显著驱动城市热环境的阈值区间,可为缓解城市热岛效应的城市规模管控提供重要的量化参考。

2) 城市规模管控的逻辑思路

(1) 协调城市发展与生态保护的城市总体布局

以城市发展与城市热环境的空间关系为依据,基于对研究区域城市热岛、城镇格局的整体研判,提出城市总体布局,在总体层面实现对城市规模的管控,并指导后续城市热环境的优化。首先,结合现有的城镇空间格局,构建统筹区域可持续发展的组团式城镇空间结构。其次,着眼于城镇建成区与非城镇建成区的图底关系,构建连续完整的自然生态空间格局,限制城市规模无序扩展,以有效阻断城市热岛斑块的集聚性。应用景观生态学理论,从生态降温的角度出发,对城市生态降温网络体系进一步优化,将研究区范围内的各类降温要素有机整合,构建生态降温基质、生态降温廊道、生态通风廊道以及生态降温节点,四者共同构成了城市生态降温网络。

(2) 基于城市规模影响阈值的分区管控策略

城市规模管控包含对城镇建成区斑块面积与人口密度两个方面的控制。根据城镇建成区斑块面积、人口密度与相对地表温度的关系,识别以下阈值区间:① 形成热岛效应时,所对应的城镇建成区斑块面积、人口密度的阈值区间;② 城镇建成区斑块面积、人口密度显著影响相对地表温度所对应的阈值区间;③ 依据城镇建成区斑块面积、人口密度与相对地表温度的回归方程,识别相对地表温度随自变量增加而快速增长时,城镇建成区斑块面积、人口密度(自变量)所对应的阈值区间。

依据上述三个方面的影响阈值,分别对城镇建成区斑块以及人口密度进行分区,并提出分区管控策略,为限制城市规模的无序扩张提供量化参考。

2.2.2 景观格局重构

1) 景观格局重构的原理解析

景观格局的空间异质性直接反映地表覆被及其物理属性的空间差异。因此,作为改变地表能量平衡的主要原因,景观格局的时空分异特征对城市热环境具有十分显著的影响。

首先,不同景观类型的地表覆被状况与受太阳辐射的能量吸收、水分蒸发吸热过程直接相关,这决定了景观类型本身的热力属性;其次,各类景观的组分,即景观类型的面积比例,直接影响该地区受太阳辐射的热量吸收与蒸散过程,进而决定了地表热量传输关系,从而影响城市热环境;最后,考虑到热力过程的空间流动性,局地景观吸收或释放的热量可能对周边景观的温度有所影响,从而体现景观的空间分布与配置对城市热岛效应的影响。一方面,单一景观类型的空间结构、空间形态、空间密度等信息,会对城市热环境具有显著影响。另一方面,多种景观类型镶嵌形成的景观空间特征也具备热力学意义(陈利顶等,2006)。各类景观的空间分布特征直接影响地表的热量传输关系,从而产生空间溢出效应、规模效应等景观效应(刘焱序等,2017)。各景观类型的形状复杂程度、分散与聚集程度等格局信息,与该景观对外部环境的影响作用相关。不同景观的空间构型决定了它们彼此的接触面积、联系程度以及边缘效应,从而影响热量转移及降温、升温过程的难易程度。

基于源汇景观理论(陈利顶等,2006),可根据景观对城市热环境的作用,将各类景观分为源、汇两类,源汇景观的组分配比会直接影响城市热环境。然而,不同地域的源汇景观组分与城市热环境的关系并不具备唯一性。目前,研究亟待解决的问题是,源汇景观组分在何种取值范围内,可较好地缓解城市热岛效应。因此,关注不同的热环境特征所对应的源汇景观组分的阈值更具应用价值。科学识别源汇景观组分显著驱动城市热岛的阈值区间,可为缓解城市热岛效应提供重要的决策保障。就源汇景观组分而言,阈值可以是形成热岛效应、冷岛效应时,源汇景观组分的取值范围。例如,分析显示,北京市生态用地占比超过70%时,可产生明显的"冷岛效应"(Peng et al., 2016),则70%即可作为生态用地的组分阈值,直接满足景观规划、土地利用规划的现实需求。

此外,仅通过改变源汇景观的组分来改善城市热环境,未必是最合理的选择。一方面,源景观的降温效能存在"饱和效应"(Feng et al., 2020),盲目增加源景观面积占比未必能带来等效的降温效能。大量研究表明,绿地、水域等源景观的降温效果是随着距离其边缘距离逐渐递减的。特别是绿地对距离其500 m左右区域内的降温效果甚微(Guo et al., 2019)。另一方面,我国人口众多,一味改变源汇景观的面积占比不符合我国"人多地少"的国情。特别是在城市内部,用地有限,更难以实现大面积的绿地、水域等景观。因此,在有限的空间下,探究各类景观的空间格局对城市热环境的影响具有重要的理论及实践意义。

2)景观格局重构的逻辑思路

(1)基于城市热环境特征的源汇景观分区配置

首先,基于源汇景观理论,以各类景观的热力属性为依据,对各类景观进行分类,并提出分类应对措施。其次,依据相对地表温度的数值划分城市热环境控制分区,根据源汇景观组分与相对地表温度的回归方程,确定不同城市热环境控制分区内源汇景观组分的控制标准。

(2)因地制宜地串联山水的城市景观空间结构规划

基于城市的山水格局、地理环境以及自然生境斑块分布状况等因素,为城市热环境的优化选择适宜的降温景观并加以保护,再结合现有的绿地、水域等具有降温作用的景观,有机构建城市绿道系统,综合降温景观与城市绿道,形成城市降温骨架,以分割大片连续的城市组团,避免形成连续集中的热岛斑块。

(3)基于景观格局指数驱动机理的景观协调布局

根据类型层面、景观层面景观格局指数与城市热环境关联的一般规律,并结合空间关联的演变趋势,提出城市各类景观适宜采取的景观构型模式,以及多种景观组合的协调布局策略。

2.2.3 用地功能布局

1) 用地功能布局的原理解析

用地功能主要是通过能源消耗量、空间特征的差异,对城市热环境产生影响(表2-6)。不同的用地功能类型意味着人类活动性质的不同,这会导致用地的人为热排放量有所区别。例如,用于工业生产的工业用地,由于工业生产过程中的热排放量较大,因而极易形成高温区,并对外部环境产生升温作用,是形成城市热岛效应的重要风险源。此外,不同的用地功能类型决定了其空间特征分异。交通设施用地、物流仓储用地为了提高土地的使用效率,内部主要是硬质地表,植被稀少,因而温度相对较高。而公园绿地植被密集,降温效果明显,是城市内部缓解城市热岛效应的主要力量。

表2-6 不同用地功能类型的空间环境与热力属性特征

功能类型	空间环境特征	人为热排放与热力属性特征
居住用地	空间分布较多,涉及范围大;人口集中,建筑密度与高度变化较大,空间变化较多	居民生活能耗高,人为热排放量相对较大,温度较高,对冷源需求度高,特别是在高密度居住区极易形成高温区
公共管理与服务用地	建筑密度较低,建筑高度、体量、形态灵活多变,空间自由、开敞	热量易于扩散,对周边环境具有一定的升温作用
商业服务业用地	人流量集中,建筑密集,空间紧凑,空隙较小,植被、水域稀缺	热量不易扩散,温度较高,升温作用较强,冷源需求度高
工业用地、物流仓储用地	不透水地表密集,硬质铺面多,人口分布稀少,绿地、水域较少	工业与运输产生的热量与温室气体的排放量巨大,高温区域集中,对周边区域的升温作用显著,但冷源需求度低
道路与交通设施用地	不透水地表较多,空间开阔,建筑密度较低	不透水地表密集,地表蒸散能力较弱,热量易于扩散,对周边环境具有一定的升温作用,空间通风条件较好
公用设施用地	空间相对开敞,开发建设强度低,具备一定的植被覆盖,人流量较少	城市热岛效应相对较弱,但自身热环境特征易受其他功能用地的影响,冷源需求度较低
未利用地	多为裸土地、荒草地、沙地等裸露土地,或部分城市发展备用地,地表裸露,植被稀疏	地表裸露且蒸散能力较弱,受太阳辐射影响升温迅速,是热岛效应的高发区,极易对邻近区域的热环境产生负面影响
耕地	植被覆盖率低于草地等自然生态用地,撂荒期植被覆盖率极低	城市热环境受人为影响较大,撂荒期由于缺乏植被遮阴,受太阳辐射影响升温迅速,热环境特征与裸地无异
绿地	多为草地、林地、灌木丛等,植被密集,植覆盖率普遍较高	植被遮阴及蒸散作用较强,易形成冷岛效应
水域	多为湿地、湖泊、河流等水体景观,地表含水量高	水体蒸散作用较强,易形成冷岛效应

基于城市热环境的视角,用地功能包括气候调节与土地使用两个方面的含义,分别对应着城市内部的生态与发展两大功能类型。气候调节功能是指缓解城市热岛效应的功能,主要来自城市内部的绿地、水域等自然生境斑块。土地使用功能是指土地的用途,是承载人类社会经济活动的主要空间。

绿地、水域的功能属性比较单一,揭示绿地、水域对城市热环境的影响机理,可为城市蓝绿空间布局提供科学参考。城市建设用地的功能相对复杂,具体包括居住、商业、商务、工业、科研教育等多种功能。深入探讨各建设用地的功能类型与地表温度的关联,可揭示城市热环境的空间分异态势。

2) 用地功能布局的逻辑思路

用地功能层面的优化可从土地使用功能与气候调节功能两个方面入手:一方面,针对城市绿地、水域等城市蓝绿系统,优化绿地、水域的布局;另一方面,协调布局各类用地功能,并优化功能用地内部的空间。

(1) 基于最优降温效果的绿地、水域布局策略

首先,根据绿地、水域各类斑块的有效降温范围,识别绿地、水域斑块的有效降温范围及其尚未覆盖的区域,为新建绿地、水域的选址提供依据,以实现绿地、水域斑块有效降温范围的全域覆盖。其次,以各类绿地、水域斑块的冷岛强度(Cooling Intensity,CI)、有效降温范围(Cooling Range,CR)、降温幅度(Temperature Drop Amplitude,TDA)为依据,结合经济性,确立绿地、水域合理的配置面积指标。

(2) 基于用地热力特征差异的用地功能布局优化

根据不同用地功能的热力属性差异,为用地功能布局优化提出建议。一方面,统筹考虑各功能类型的布局关系,提出各类用地,如居住用地、商业用地、工业用地、绿地等用地的协调布局策略。另一方面,结合各类功能用地的空间环境,为各功能用地内部优化提出建议。

2.2.4 空间形态设计

1) 空间形态设计的原理解析

空间形态主要是通过影响地表的太阳辐射与空气流动来影响城市热环境。目前,较为常用并且对城市热环境有显著影响的指标主要包括建筑密度、建筑高度、建筑体积密度、天空可视度、植被指数、水体指数等,上述空间形态指标对城市热环境的影响如表2-7所示。

表2-7 空间形态指标及其影响热环境的驱动因素

空间形态指标	定性描述	定量指标	影响热环境的驱动因素
疏密程度	稀疏—紧凑	建筑密度	建筑热排放量、地表阴影面积、对流散热状况
		建筑体积密度	街区地表及周边建筑的阴影覆盖面积、水平方向的通风条件

续表 2-7

空间形态指标	定性描述	定量指标	影响热环境的驱动因素
围合程度	封闭—开放	天空可视度	地表阴影面积、对流散热状况
		街道高宽比	地表及周边建筑的阴影覆盖面积、水平方向的通风条件、竖向气流变化
高度起伏变化	城市天际线变化	建筑平均高度	地表及周边建筑的阴影覆盖面积、水平方向的通风条件、竖向气流变化
		建筑高度标准差	街区竖向气流变化
表面反射率	高反射—低反射 表面颜色 表面材料	地表反射率 植被覆盖率 水体覆盖率	地表辐射得热状况
		建筑立面反射率	建筑表面辐射得热状况
植被	密集—稀疏	植被指数	植被蒸散作用与遮阴作用
水体	密集—稀疏	水体指数	水体蒸散作用

首先，建筑物、构筑物等障碍物与地表辐射得热状况具有复杂的关联性。建筑物、构筑物表面吸收太阳辐射，使局部地区温度升高。此外，建筑物、构筑物也产生了遮阴效应，阻挡了部分太阳辐射。这导致了建筑群体空间组合与城市热环境的空间关联相对复杂，如街道高宽比、天空可视度对太阳辐射具有双重影响。一方面，较小的天空可视度与较大的街道高宽比会减少地表辐射损耗，继而导致地表对太阳辐射的吸收增加；另一方面，较大的天空可视度与较小的街道高宽比也为街道提供了较好的建筑遮阴，阻挡了部分太阳辐射。

其次，城市空间形态也阻挡或促进了城市内部的空气流动，进而影响了其对流换热，而空间的对流换热对城市热环境具有重要的作用。研究表明，当局部地区风速达到 1—1.5 m/s 时，可使气温下降 2 ℃（Brown，2012）。而大量分析表明，风场在流向城市建成区时会发生明显变化，易受到城市建筑物与广场等开放空间的布局、几何形体等形态特征的影响。以天空可视度为例，天空可视度较低的街区空间流动缓慢，湍流热传输减缓，导致热空气滞留在建筑物之间，进而引发地表和空气温度的升高。

由此可见，城市空间形态对热环境的影响机理相对复杂，难以从理论推断，尚需通过更多的实测、模拟等实证研究来厘清其内在的驱动机理。

2) 空间形态设计的逻辑思路

形态层面优化是根据各类空间形态指标对城市热环境的影响机理，调整研究区域内的各类空间形态指标，如建筑密度、建筑体积密度等，具体包括以下两个部分内容：

(1) 基于局部气候分区的空间形态调整

首先，从局部气候分区的视角，综合考虑空间形态指标与城市热环境之间的相关性、不同空间形态调整的降温效果,以及相应措施实施的成本与难度,为各局部气候区制定优化措施。其次,综合考虑各类空间形态指标的取值范围,以及城市开发建设的需求,为各局部气候区的规划控制提供量化标准。

(2)街坊与建筑群空间的形态优化设计

根据各类空间形态指标与城市热环境耦合关联的共同规律,从建筑群体组合、空间布局、建筑单体形态控制等多个层面,提出街坊与建筑群空间的优化设计建议。

3 城市规模管控的原理

城市规模是城市空间在城市整体视角的概化。本章运用地理信息系统(GIS)、遥感(RS)等技术,系统分析城市规模对城市热环境的时空耦合规律,揭示城镇建成区面积、人口密度对城市热环境的影响机理,为闽南地区的城市规模管控提供科学依据。本章主要包含以下两个部分内容:

一是以夜间灯光亮度表征城市发展,作为网格单元尺度下反映城市土地面积与人口数量的城市规模综合量化指标,旨在比较分析厦门、漳州、泉州三市城市发展与城市热环境的空间关系。运用总体耦合态势模型、协调性模型揭示城市发展与城市热环境的时空耦合关系;利用标准差椭圆、双变量空间自相关及景观格局指数探讨城市规模对城市热环境的影响机制。

二是运用箱线图、对数回归方程等方法,揭示城镇建成区面积规模、单位面积人口规模(人口密度)对热环境的驱动机理。结合函数的求导方法,析取城镇建成区面积、人口密度显著影响热岛效应的取值范围,以期为面向城市高温防范的建成区面积、人口密度管控提供量化参考。

3.1 城市发展与城市热环境的空间关系

3.1.1 城市发展与城市热环境的耦合规律

1) 城市发展时空格局特征

本书获取闽南三市 1996 年、2002 年、2007 年、2012 年、2017 年夜间灯光(NTL)亮度图像(图 3-1),以反映城市发展的状况。夜间灯光亮度数据均来自美国国家地球物理数据中心网站。结果显示,1996—2017 年,三市的夜间灯光(NTL)亮度高值区持续蔓延,在近海区域,城市扩展明显,而在内陆的高海拔地区,由于开发建设难度较大、交通不便等因素,城市扩张有限。此外,相邻的夜间灯光(NTL)亮度高值区不断打破行政边界,逐渐合并为更大的夜间灯光(NTL)亮度高值区。这表明三市内部及之间的城市联系不断加强,厦漳泉一体化的发展趋势凸显。

2) 城市热环境时空演变特征

本书基于 1996—2017 年的陆地卫星(Landsat)遥感影像,根据辐射传输方程反演了研究区域内各年份的地表温度(Land Surface Temperature,

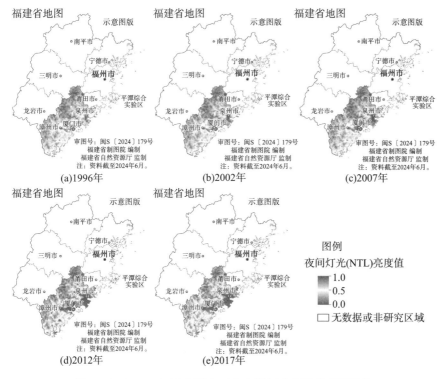

图 3-1 1996—2017 年闽南三市夜间灯光(NTL)亮度图像

LST)。

基于地表温度图像,计算相应的相对地表温度(Relative Land Surface Temperature,RLST),得到相对地表温度图像(图 3-2),其计算方法为

$$RLST_i = LST_i - LST_{Avg} \qquad (3-1)$$

式中,$RLST_i$ 是研究区域中像元 i 的相对地表温度,单位为℃;LST_i 是像元 i 的地表温度;LST_{Avg} 是研究区域的平均地表温度。

基于陆地卫星(Landsat)遥感影像,通过目视解译与监督分类生成了景观类型分布图(图 3-3)。结合图 3-2、图 3-3 可知,1996—2017 年,各类相对地表温度(RLST)的空间分布变化明显,总体上,高温区域普遍出现在位于东部沿海平原的城区、乡镇的建设用地及耕地、裸地集中的地区。这些地区地势平坦,易于开发建设,人为开发建设强度大。而建设用地多为非渗透性下垫面,比热容较小,且人为热排放量高,城区内部建筑密集,空气流通困难,因而易形成高温区域。裸地由于地表裸露,地表蒸散作用弱,受太阳辐射升温迅速,相对地表温度(RLST)较高。而受遥感影像成像时间及季节、农时的影响,耕地的植被覆盖率低,地表覆被与裸地接近,因而相对地表温度(RLST)也较高;而低温区域多出现在内陆高海拔地区的林区以及大型水库、水田等水域,这些地区地形复杂,开发建设难度较大,适合林木生长。由于林地的遮阴与蒸散作用强、水体的比热容大而热传导

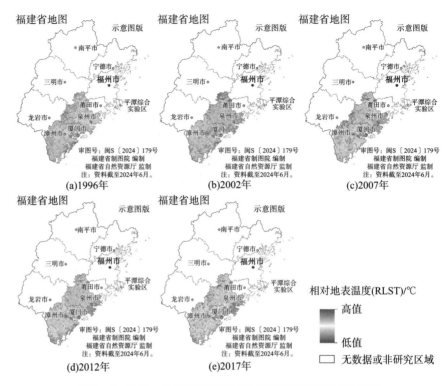

图 3-2　1996—2017 年闽南三市相对地表温度(RLST)图像

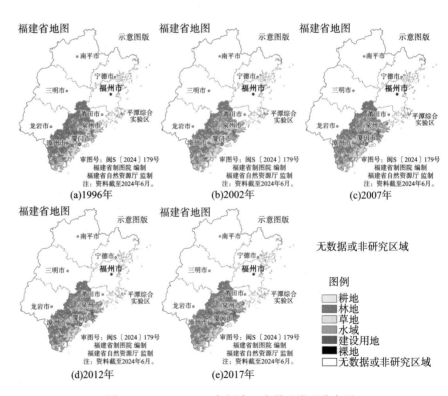

图 3-3　1996—2017 年闽南三市景观类型分布图

率低有关,因而上述地区的相对地表温度(RLST)较低。

受城区扩展、地表覆被变化的影响,局部地区的地表温度反复变化。随着时间的推移,三市高温区域由零散破碎的较小斑块逐渐集聚为连续的较大斑块,并呈现出由相对裸露的地表(耕地、裸地)向城镇地区集中的趋势。1996—2002年,由于城市规模有限,城市的热岛效应并不突出。高温区域多分布在耕地或裸地,这些区域由于地表裸露,受太阳辐射升温迅速,相对地表温度(RLST)较高。在漳浦县、云霄县、诏安县等地,由于城区热岛效应较弱,相比之下,耕地、草地及部分疏林地的地表温度也相对较高。2002年,安溪县、永春县、南安市北部等地区,由于人为开垦,耕地迅速扩张,出现了大量零散的高温斑块;至2007年,随着城市的扩张,城区相对地表温度(RLST)显著上升。大片集中的耕地、草地及部分疏林地,随着城市相对地表温度(RLST)的上升,该地区的相对地表温度(RLST)反而呈现下降态势,西部内陆的大量林地由于自身的降温效应,其相对地表温度(RLST)亦向低温区域转变。这反映出城区的热岛效应开始凸显;2012—2017年,随着城市的扩张,城区的热岛效应愈加凸显。受临近区域热岛效应、气候变化等因素的影响,大量破碎林地、草地等自然地表的相对地表温度(RLST)呈现上升态势,这一现象在漳州南部与泉州中部地区尤为明显。因此,该时期大量中温区域取代了低温区域。至2017年,高温区域逐渐集聚为连续的斑块,特别是在厦门市、晋江市、石狮市、惠安县等沿海地区,高温区域连片化趋势明显。而在内陆地区,尽管夜间灯光(NTL)亮度高值区在该地区扩张明显,城市热岛效应显著加强,高温区域逐渐收缩在城镇区域,相比之下,城区以外的大片耕地热岛效应减弱,高温区域进一步向城区转移,但由于城区范围仍然较小,因此,该地区的高温区域呈现减少的态势。而在部分植被稀疏的草地、耕地或疏林地带,如诏安县中北部等地区,受地理气候等因素的影响,仍存在大片高温区域。

从总体上看,地表温度的分布与城市发展格局及地形制约关联度较大。闽南三市山地丘陵众多,西部内陆高山起伏,交通不畅,城市发展受限。城市发展用地局限于东部群山环抱的沿海平原,这些地区交通便利,区位优势明显,易于开发建设,人为活动集中,热量排放较大。此外,周边的群山阻滞了热量向外扩散,地形限制下的高强度的人为活动,推动了城市及周边区域地表温度上升。

3) 城市发展与地表温度的时空耦合态势

本节通过总体耦合态势模型衡量闽南三市城市发展与地表温度变化的耦合程度(图3-4,表3-1)。总体来看,1996—2017年,三市的夜间灯光(NTL)亮度与地表温度(LST)加权中心距离、移动方向的夹角总体呈减小趋势,总体耦合态势不断加强。

然而,三市的夜间灯光(NTL)亮度与地表温度(LST)的移动轨迹并不一致。厦门的夜间灯光(NTL)亮度与地表温度(LST)加权中心呈"相向而

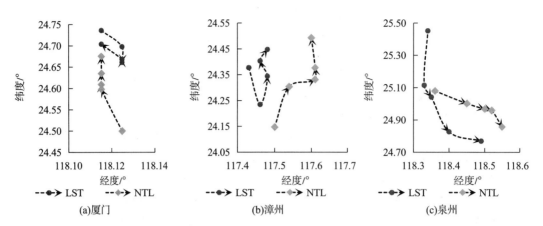

图 3-4 1996—2017 年闽南三市地表温度(LST)与夜间灯光(NTL)亮度加权中心移动轨迹

表 3-1 1996—2017 年闽南三市地表温度(LST)与夜间灯光(NTL)亮度总体耦合分析

年份	加权中心距离/km			时段/年	加权中心移动方向的夹角/°		
	厦门	漳州	泉州		厦门	漳州	泉州
1996	26.160	26.371	41.259	1996—2002	178.393	153.699	47.076
2002	11.136	11.193	17.521	2002—2007	148.105	55.592	40.772
2007	5.792	12.913	17.843	2007—2012	11.625	18.155	49.796
2012	3.666	15.213	19.256	2012—2017	21.862	24.213	40.802
2017	3.223	12.879	11.441	1996—2017	178.337	17.430	25.995

行"的态势,1996—2017年,厦门城区由本岛向西北方向的岛外扩展,带动夜间灯光(NTL)亮度的加权中心向西北移动。1996—2012年,热岛区由岛外的大片裸地向本岛及岛外沿海的城区转移,因此,地表温度(LST)的加权中心总体向南移动。2012—2017年,随着岛外地区城市发展,热岛效应也相应凸显,地表温度(LST)的加权中心也向西北方向的岛外移动。漳州的夜间灯光(NTL)亮度与地表温度(LST)加权中心"前期逆向而行,后期同向而行"。漳州城镇主要沿九龙江流域自西南向东北的入海口延伸,带动了夜间灯光(NTL)亮度的加权中心向东北移动。1996—2002年,城市发展对地表温度(LST)加权中心的变化影响有限。随着东南部的耕地增加,地表温度(LST)上升,地表温度(LST)的加权中心向东南移动。2002—2017年,随着城镇热岛效应的凸显,城镇不断向东北延伸,这驱使地表温度(LST)的加权中心向东北移动。东南部的晋江市、石狮市等地城镇的迅速扩张,带动了泉州夜间灯光(NTL)亮度的加权中心始终向东南移动,东南地区城镇的迅速发展导致地表温度(LST)的加权中心向东南转移,夜间灯光(NTL)亮度与地表温度(LST)的加权中心始终"同向而行"。

4）城市发展与地表温度的空间协调特征

本节运用协调性模型，分别计算1996—2002年、2002—2007年、2007—2012年、2012—2017年四个时段，夜间灯光（NTL）亮度与地表温度（LST）年平均增长率的协调度，并根据表3-2将研究区分为六种协调类型（图3-5）。

表3-2 1996—2017年夜间灯光（NTL）亮度与地表温度（LST）变化的协调类型划分

类型	形成条件	意义
协调增进型	$0.8<O\leqslant1.0$，UR≈TR>0	NTL亮度、LST协调增长，城市发展与LST呈协同增进状态
拮抗升温超前型	$0.0\leqslant O<0.5$，TR>UR	NTL亮度与LST变化协调度较弱，LST上升超前于城市发展
磨合升温超前型	$0.5\leqslant O<0.8$，TR>UR	NTL亮度与LST变化处于勉强协调，LST上升超前于城市发展
磨合升温滞后型	$0.5\leqslant O<0.8$，TR<UR	NTL亮度与LST变化处于勉强协调，LST上升滞后于城市发展
拮抗升温滞后型	$0.0\leqslant O<0.5$，TR<UR	NTL亮度与LST变化协调度较弱，LST上升滞后于城市发展
协调减退型	$0.8<O\leqslant1.0$，UR≈TR<0	NTL亮度、LST协调下降，城市发展与LST呈协同减退状态

注：O为夜间灯光（NTL）亮度与地表温度（LST）变化的协调系数；UR、TR分别为夜间灯光（NTL）亮度、地表温度（LST）的年平均增长率。

在研究期间内，协调增进型多为城市发展迅速的新增城镇用地，夜间灯光（NTL）亮度、地表温度（LST）升幅均较大。在城镇中心区，城镇扩张与地表升温幅度均较为有限，因而夜间灯光（NTL）亮度、地表温度（LST）的增长速率基本协同。协调减退型主要是地形复杂、远离城镇的林地及水域，这些地区的城市热环境属性稳定，不易升温，且开发建设难度大，人为活动较少。相较于其他地区，夜间灯光（NTL）亮度、地表温度（LST）呈协同下降现象。

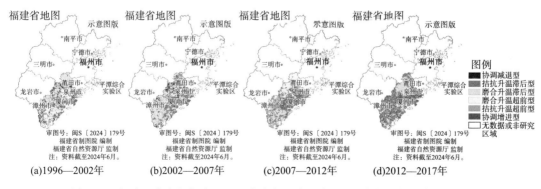

图3-5 闽南三市夜间灯光（NTL）亮度与地表温度（LST）变化的协调类型分布图

随着原有的城镇向外围扩张,新增城镇区域经历了"升温滞后—协调型—升温超前—协调型"的转化过程,这一现象在厦门岛外的中心城区外围最为明显。在城市发展早期,夜间灯光(NTL)亮度对地表温度(LST)的影响存在滞后性。新增城镇地区的夜间灯光(NTL)亮度增速较大,但城镇热岛效应并不显著,地表温度(LST)上升缓慢,呈拮抗升温滞后型或磨合升温滞后型。随着城镇热岛效应的凸显,地表温度(LST)升速增加,夜间灯光(NTL)亮度与地表温度(LST)呈现升幅较大的协调增进型。在城市发展后期,夜间灯光(NTL)亮度对地表温度(LST)的影响呈超前性。夜间灯光(NTL)亮度已接近"饱和状态",上升缓慢,而连续集中的城镇形成了更强的热岛效应,地表温度(LST)的上升速率高于夜间灯光(NTL)亮度,因而呈现升温超前的现象。至城市发展末期,夜间灯光(NTL)亮度与地表温度(LST)的增速有限,两者呈现升幅较小的协调增进型。

此外,西部内陆的部分林地受周边城镇的热岛效应或气候变化的影响,地表温度(LST)上升稍强,也呈现升温超前的现象;部分林地、水体及零散的城镇用地,尽管夜间灯光(NTL)亮度有所上升,但本身或周边自然地表密集,有效地遏制了地表温度(LST)上升,因而呈现升温滞后的现象。

3.1.2 城市发展对城市热环境的驱动机制

1)城市规模与地表温度的相关关系

本节运用统计产品与服务解决方案(Statistical Product and Service Solutions,SPSS)软件计算夜间灯光(NTL)亮度与地表温度(LST)的相关系数,并通过标准差椭圆分析两者二维散点的空间特征变化(表3-3,图3-6)。结果显示,1996—2017年,三市的夜间灯光(NTL)亮度与地表温度(LST)均呈显著正相关性。这表明夜间灯光(NTL)亮度增加会导致地表温度(LST)上升。这是由于城市发展,城镇下垫面的物理属性改变,大量不透水地表代替了原有的绿地、水域等自然地表,城区建筑物阻滞了通风散热,生产、生活的集聚导致了人为热排放的集中,在多种因素的综合作用下,地表温度(LST)上升。

表3-3 1996—2017年闽南三市夜间灯光(NTL)亮度与地表温度(LST)的相关参数

地区	年份	相关系数	标准差椭圆参数		
			中心坐标(NTL亮度,LST)	方向性	离散性	方位角/°
厦门	1996	0.093**	(0.239, 0.695)	1.705	0.587	85.187
	2002	0.545**	(0.283, 0.565)	2.285	0.438	67.655
	2007	0.762**	(0.396, 0.435)	3.090	0.324	60.893
	2012	0.824**	(0.590, 0.439)	3.572	0.280	59.003
	2017	0.859**	(0.590, 0.481)	4.388	0.228	63.135

续表 3-3

地区	年份	相关系数	标准差椭圆参数			
			中心坐标(NTL 亮度,LST)	方向性	离散性	方位角/°
漳州	1996	0.149**	(0.083, 0.501)	1.526	0.615	8.685
	2002	0.321**	(0.058, 0.533)	1.694	0.590	18.936
	2007	0.423**	(0.091, 0.459)	1.620	0.617	34.274
	2012	0.661**	(0.168, 0.537)	2.925	0.342	68.511
	2017	0.665**	(0.168, 0.531)	2.493	0.401	66.010
泉州	1996	0.386**	(0.120, 0.531)	1.511	0.662	40.253
	2002	0.643**	(0.128, 0.513)	2.179	0.459	51.330
	2007	0.696**	(0.168, 0.498)	2.464	0.406	54.827
	2012	0.736**	(0.285, 0.504)	3.430	0.292	68.086
	2017	0.806**	(0.285, 0.534)	3.913	0.256	65.969

注：** 表示显著性水平为 0.001。

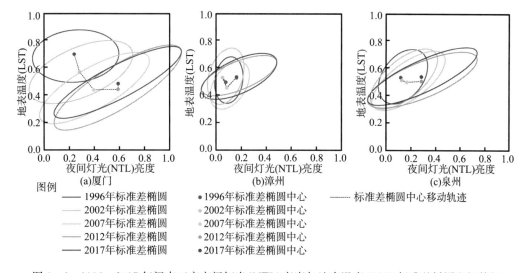

图 3-6 1996—2017 年闽南三市夜间灯光(NTL)亮度与地表温度(LST)标准差椭圆空间特征

随着年份的增长,三市夜间灯光(NTL)亮度与地表温度(LST)的相关系数逐渐增加。标准差椭圆的中心均沿 x 轴[夜间灯光(NTL)亮度]向高值移动,沿 y 轴[地表温度(LST)]移动趋势不一致;标准差椭圆的方向性逐渐增大,离散性逐渐减小。三市标准差椭圆方位角的变化趋势不一,但均逐渐增加或减少至 60°—65°。上述现象表明,三市的夜间灯光(NTL)亮度对地表温度(LST)的正向影响逐渐明确,地表温度(LST)对夜间灯光(NTL)亮度变化的灵敏度趋于统一。这与城市规模对地表温度(LST)影响作用的变化有关。在研究初期城镇规模有限,空间分布零散、破碎,地表温度(LST)更易受其他因素的影响,夜间灯光(NTL)亮度对地表温度(LST)变化的影响较弱,因此,标准差椭圆的方向性较小。由于城镇的热岛效应不明显,裸露地表等夜间灯光(NTL)亮度较低而地表温度(LST)较高的区域较多,因此,标准差椭圆中心坐标的夜间灯光(NTL)亮度值较小而地表温度(LST)值较大。研究后期,随着城市发展,城镇逐渐蔓延、合并,生产、生活持续集中,这导致城市规模对地表温度(LST)的影响加强,夜间灯光(NTL)亮度与地表温度(LST)的线性关系逐渐明确,且正向影响逐渐加强,标准差椭圆的方向性随之增加,伴随城镇的热岛效应加强,标准差椭圆的中心坐标向 x 轴[夜间灯光(NTL)亮度]的高值移动。

1996—2017 年,厦门标准差椭圆的方向性较大,离散性较小,标准差椭圆中心明显沿 y 轴[地表温度(LST)]向低值移动,这表明夜间灯光(NTL)亮度对地表温度(LST)的正向影响显著,两者二维散点的线性关系明显加强。漳州、泉州标准差椭圆的方向性较小,离散性较大,标准差椭圆中心在 y 轴[地表温度(LST)]的变动不明显,这说明漳州、泉州的夜间灯光(NTL)亮度对地表温度(LST)的正向影响较弱,两者二维散点的线性关系增强的趋势不明显。这与三市的城市发展状况及城镇空间格局有关,厦门城市发展迅速,城镇分布范围较大,人口与产业相对密集,地表温度(LST)的变化更易受夜间灯光(NTL)亮度的影响,且城市规模对地表温度(LST)变化的影响作用明显加强。因此,夜间灯光(NTL)亮度与地表温度(LST)二维散点分布的方向性较大,逐渐趋向线性分布。而漳州、泉州城镇分布较少,城市发展相对缓慢,城镇范围有限,人口、产业分布相对松散,地表温度(LST)变化仍易受耕地、林地等其他因素的影响,城市规模对地表温度(LST)的正向影响有限,且加强的趋势不明显。

2) 城市规模与地表温度的全局空间关联

运用空间统计分析软件 OpenGeoDa 计算三市夜间灯光(NTL)亮度与地表温度(LST)的双变量莫兰指数(Moran's I)(表 3-4)。结果显示,三市的夜间灯光(NTL)亮度与地表温度(LST)均呈显著的空间正相关性,即局部地区的夜间灯光(NTL)亮度增加会导致周边地区的地表温度(LST)上升。这是由于不同地区因地表温度(LST)的差异而产生热量交换(岳亚飞等,2018),局部地区夜间灯光(NTL)亮度的增加带动该地区地表温度(LST)的上升,该地区的热量进而向周边地区传递,最终导致周边地区的地表温度(LST)上升。1996—2017 年,三市夜间灯光(NTL)亮度与地表温度(LST)的双变量莫兰指数(Moran's I)值逐渐增加,即夜间灯光(NTL)亮度对邻近地区地表温度(LST)的正向影响加强。这是由于城镇规模有所扩大,空间分布逐渐连续集中,城镇本身的热岛效应加强,对周围环境的升温作用显著。此外,由于城镇分布更为广阔、密集,局部地区城市规模对地表温度的影响加强,城镇本身对周边热环境的"溢出效应"明显(乔治等,2019),进而对周边地区地表温度(LST)的影响日益显著。

表 3-4 1996—2017 年闽南三市地表温度(LST)与夜间灯光(NTL)亮度双变量莫兰指数(Moran's I)统计值

年份	厦门	漳州	泉州
1996	0.084**	0.141**	0.373**
2002	0.541**	0.310**	0.636**
2007	0.746**	0.409**	0.687**
2012	0.809**	0.641**	0.721**
2017	0.844**	0.594**	0.759**

注:** 表示显著性水平为 0.001。

比较来看,三市的双变量莫兰指数(Moran's I)及变化差异明显。厦门双变量莫兰指数(Moran's I)的升幅最明显,1996 年其莫兰指数(Moran's I)最小,仅有 0.084,泉州最大,漳州次之。2002 年,厦门的莫兰指数(Moran's I)已大于漳州。2007—2017 年,莫兰指数(Moran's I)呈现"厦门＞泉州＞漳州"的格局。究其原因,夜间灯光(NTL)亮度对地表温度(LST)分布的作用与城市发展格局有关。1996—2017 年,三市的城市发展差异较大。结合前图 3-1 和图 3-4 可以看出,1996 年,三市的城镇规模均较为有限。根据对土地利用比例的统计,1996 年,厦门、漳州、泉州的建设用地比例分别为 8.32%、2.58%、4.95%。因此,地表温度(LST)的分布受夜间灯光(NTL)亮度的影响较小。特别是厦门,城区主要集中在本岛,但热岛效应不突出,而热岛区主要在岛外的耕地,因此,夜间灯光(NTL)亮度与地表温度(LST)的空间关联性较弱。随着城镇的扩张,城市规模对地表温度(LST)空间分布的影响加强。至 2017 年,厦门、漳州、泉州的建设用地比例分别为 31.51%、8.09%、13.52%。厦门城区扩张较明显,城镇化进程较快,城镇分布连续且集中,对周边地区地表温度(LST)的影响显著加强,因而莫兰指数(Moran's I)升幅最大。泉州、漳州升幅相似,但泉州的城市发展较快,城镇化水平及城镇分布范围大于漳州,城市规模对地表温度的影响较强,因此莫兰指数(Moran's I)略高于漳州。

3)城市规模与地表温度的局部空间关联

本节运用空间统计分析软件 OpenGeoDa 进行双变量局部空间自相关分析,生成夜间灯光(NTL)亮度与地表温度(LST)的空间联系的局部指标(Local Indicators of Spatial Association,LISA)分布图(图 3-7)。高—高(HH)聚集多集中在东部近海的城区及内陆的主要乡镇,其扩张与集中的趋势明显;低—低(LL)聚集多出现在内陆的山林地带及大型湖泊等,分布相对稳定;低—高(LH)聚集多分布在高—高(HH)聚集区周边,多为大片集中的裸地、耕地及工业区,这些地区尽管夜间灯光(NTL)亮度较低,但由于太阳辐射或人为热排放的影响,地表温度(LST)也较高;高—低(HL)聚集较少,多为城镇边缘区及破碎的城镇地区,这些地区尽管夜间灯光(NTL)亮度较大,但由于周边自然地表的"冷岛效应",本身的地表温度

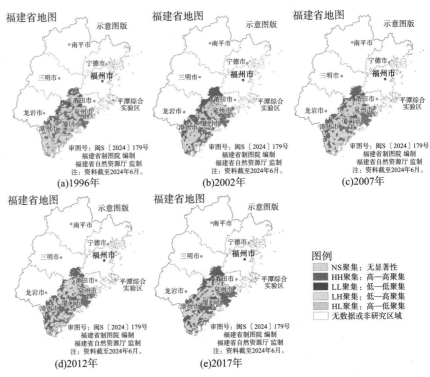

图 3-7 1996—2017 年闽南三市夜间灯光(NTL)亮度与地表温度(LST)的双变量空间联系的局部指标(LISA)分布图

(LST)较低。

为进一步反映高—高(HH)、低—低(LL)、高—低(HL)、低—高(LH)四种聚类模式的结构组成与空间配置,综合考虑数据的空间分辨率,并参考相关文献(于琛等,2019),选取四类景观格局指数,运用景观分析软件 Fragstats 4.2 进行相关计算。景观格局指数具体包括景观类型比例(PLAND),反映某类景观斑块的比例丰度;最大斑块指数(LPI),反映景观斑块的优势度与破碎度;聚集度指数(AI),反映景观斑块的聚集程度;平均形状指数(Mean Shape Index,MSI),反映景观斑块形状的复杂程度。

本节计算了闽南三市夜间灯光(NTL)亮度与地表温度(LST)的高—高(HH)、低—低(LL)、低—高(LH)、高—低(HL)四类聚集的景观格局指数(图 3-8),结果表明,三市高—高(HH)、低—低(LL)聚集的景观类型比例(PLAND)普遍呈增加趋势,而低—高(LH)、高—低(HL)聚集的景观类型比例(PLAND)、最大斑块指数(LPI)、聚集度指数(AI)则普遍呈下降趋势。这是因为城市发展导致夜间灯光(NTL)亮度对地表温度的空间溢出效应加强,两者的高值区、低值区逐渐重叠。城镇扩张引发城镇地表温度上升,进而使高—高(HH)聚集增加,相对而言,城镇外围地区的地表温度下降,特别是部分耕地、裸地转化为低—低(LL)聚集。因此,高—高(HH)、低—低(LL)聚集增多。与此同时,原本呈低—高(LH)聚集的大片连续耕地、裸地被城镇侵占、分割,相比于城镇,其热岛效应逐渐减弱;原本

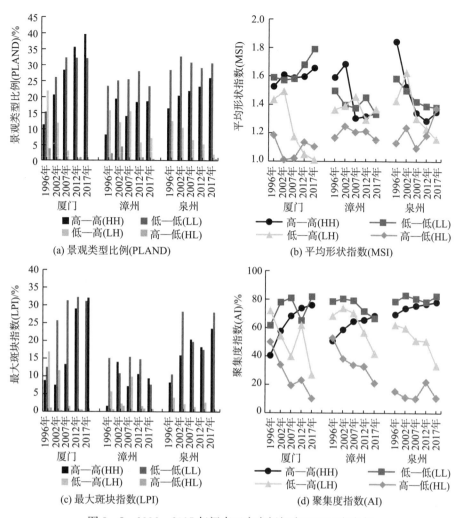

图 3-8 1996—2017 年闽南三市夜间灯光(NTL)亮度与
地表温度(LST)聚集模式的景观格局指数

呈高—低(HL)聚集的城镇地区,因本身扩张或邻近城镇的热岛效应,地表温度也相应上升。这导致高—低(HL)、低—高(LH)聚集的斑块逐渐收缩、趋于破碎。

从图 3-8 中可以看出,1996—2017 年,厦门高—高(HH)、低—低(LL)聚集的景观类型比例(PLAND)、最大斑块指数(LPI)普遍较高,且四类景观格局指数均有明显的增幅,而高—低(HL)、低—高(LH)聚集的景观类型比例(PLAND)、聚集度指数(AI)降幅最明显。这表明高—高(HH)、低—低(LL)聚集的景观优势度较大,形状日益复杂,聚集的趋势显著,而高—低(HL)、低—高(LH)聚集斑块收缩与破碎的趋势明显;漳州、泉州四种聚类模式的景观格局相似,高—高(HH)、低—低(LL)聚集的平均形状指数(MSI)均呈下降趋势,斑块形状趋于规整。漳州高—高(HH)、低—低(LL)聚集的景观类型比例(PLAND)、最大斑块指数(LPI)最小,低—高(LH)、高—低(HL)聚集的景观类型比例(PLAND)相对较大。泉州高—高(HH)、低—低(LL)聚集的聚集度指数(AI)较高,斑块更加集中,这归因于三市城市发展格局的差异。厦门城区主要由本岛向岛外扩张,城区空间结构单一、规整,主要分布于本岛及岛外沿海地区,且耕地、裸地较少,因此,夜间灯光(NTL)亮度与地表温度(LST)均呈现"东南高、西北低"的态势,两者的聚类模式逐渐以高—高(HH)、低—低(LL)为主。漳州城市发展缓慢,城镇面积有限且分布破碎,城镇与林地等自然地表的空间格局复杂多变,夜间灯光(NTL)亮度对地表温度(LST)的影响较弱。因此,高—高(HH)、低—低(LL)聚集斑块比例较小,分布破碎。相比于漳州,泉州城镇地区主要集中在东南沿海地区,而内陆地区以林地为主,城镇较少且地表温度(LST)较低,因此,高—高(HH)、低—低(LL)聚集斑块相对集中。

值得注意的是,三市高—高(HH)聚集的最大斑块指数(LPI)、聚集度指数(AI)普遍呈增加趋势,这与城镇蔓延的同时也逐渐集聚有关。不同城镇沿交通干线扩展的同时也逐渐连接、合并,地表温度较高的区域随之也逐渐集中,这导致高—高(HH)聚集斑块不断连接,形成更大的斑块。这一现象在厦门、漳州市辖区、石狮、晋江等地尤为明显。该地区作为衔接三市的关键区域,在厦门、漳州、泉州同城化发展趋势的带动下,城镇合并的趋势凸显,进而带动本地区及周边地区的地表温度(LST)上升,高—高(HH)聚集逐渐融为一体,连片发展及向外"溢出"的趋势明显。

由此可见,伴随着厦门、漳州、泉州三市的同城化发展趋势,衔接三市区域的城区建设用地不断集中、靠近,并趋于合并,上述因素导致这些地区的热岛斑块逐渐扩张,并不断聚合。这无疑会为该区域的热环境整治带来极大的阻碍,未来的空间规划须强化对城市用地及发展方向的控制,降低城市规模与地表温度(LST)增长的集聚与重合,密切关注厦门、晋江、石狮、龙海等衔接三市的关键地区的高温增长现象。

3.2 城市面积规模的影响机理

3.2.1 城市面积规模的热力特征分异

基于目视解译与监督分类生成的景观分布图(图3-3),提取厦门、漳州、泉州三市1996—2017年的城镇建设用地斑块。本书将建设用地中各城区、乡镇的建设用地等不透水地表所覆被的开发用地统一归类为城镇建成区。分别计算厦门、漳州、泉州各个城镇建成区斑块的相对地表温度(RLST)(图3-9至图3-11)。结果显示,随着斑块面积的增加,相对地表温度(RLST)也逐渐上升,即斑块面积越大,相对地表温度(RLST)越高。这是由于建成区面积越大,其累积形成的热导效应越强;随着时间的推移,相对地表温度(RLST)随斑块面积增加而上升的趋势逐渐明显,特别

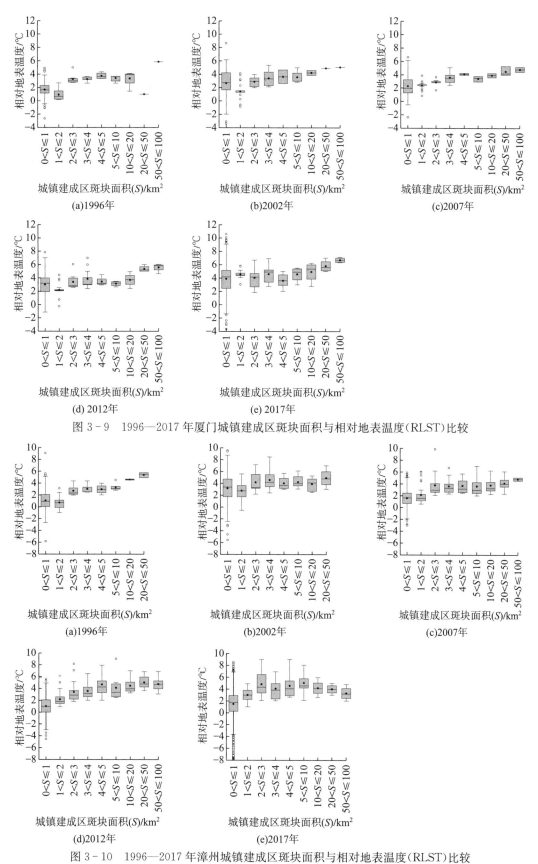

图 3-9 1996—2017 年厦门城镇建成区斑块面积与相对地表温度(RLST)比较

图 3-10 1996—2017 年漳州城镇建成区斑块面积与相对地表温度(RLST)比较

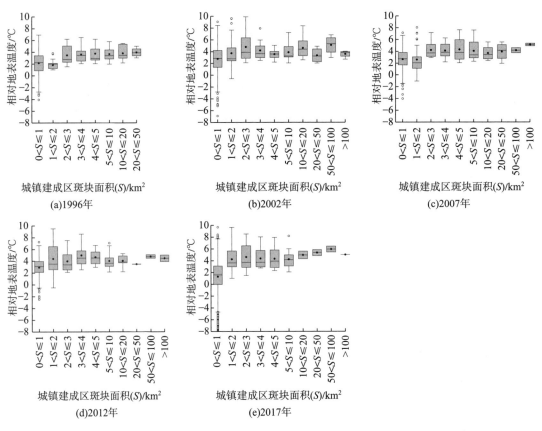

图 3-11 1996—2017 年泉州城镇建成区斑块面积与相对地表温度(RLST)比较

在 1996 年,面积小于 2 km² 的建成区斑块的相对地表温度(RLST)也较高,而个别高等级斑块的相对地表温度(RLST)则较低。这是由于在研究初期,城区规模比较有限,其热岛效应并不明显,因此,斑块面积与相对地表温度(RLST)的正向关联并不明显。随着城区的扩张,建成区的热岛效应日益显著,斑块面积与相对地表温度(RLST)的正向关联亦随之凸显。

此外,比较不同面积的建成区斑块可以看出,斑块面积越大,相对地表温度(RLST)越趋于稳定,而斑块面积越小,相对地表温度(RLST)的离散程度越大。这是由于小规模的城镇建成区的热力属性并不稳定。个别斑块是迁出城区的工业园区、物流园区等,人为热排放量大,因而其温度较高。有些细碎斑块更易受邻近林地、水域降温效应影响,其温度较低。而面积较大的建成区斑块,由于连续集中,内部热量不易扩散,因而热力属性比较稳定。

本节通过比较各面积区间的相对地表温度(RLST)分布情况,以析取形成热岛效应的城镇建成区面积阈值。参考相关文献(Yu et al., 2019),将相对地表温度(RLST)大于 2 ℃ 的区域作为热岛区域。厦门城镇建成区斑块的相对地表温度(RLST)普遍较高(图 3-9)。1996 年,当城镇建成区的斑块面积大于 3 km² 时,斑块的相对地表温度(RLST)普遍大于 2 ℃,

即形成了热岛效应。2002—2012年,当斑块面积大于2 km²时,相对地表温度(RLST)均大于2 ℃。至2017年,当斑块面积大于1 km²时,各斑块的相对地表温度(RLST)大于2 ℃。由此可见,随着时间的推移,厦门建成区斑块规模形成热岛效应的阈值日益减小,这意味着建成区斑块更易形成热岛效应。这是因为受厦门市域范围与地形的限制,可开发的建设用地空间不足,建成区斑块多集中布局,零散破碎的建设用地之间距离较近,导致热环境属性相似的斑块累积形成的热岛效应较强,因此,即便斑块规模较小,其热岛效应也比较突出。

漳州城镇建成区斑块的相对地表温度(RLST)普遍低于厦门,且各等级斑块的相对地表温度(RLST)波动较大(图3-10)。这归因于其城镇化水平较低,城镇建成区规模有限,因而城区热岛效应相对较弱,热环境易受其他土地的影响。1996—2017年,当城镇建成区的斑块面积大于2 km²时,斑块的相对地表温度(RLST)普遍大于2 ℃,即形成了热岛效应。

泉州城镇建成区斑块的热环境特征与漳州相似,这与两地的地理格局、城镇格局相似有关(图3-11)。1996—2017年,城镇建成区形成热岛效应所对应的斑块面积阈值并不一致,这可能与泉州自然地表相对密集、城镇建成区的热力属性并不稳定有关。1996年,当城镇建成区的斑块面积大于4 km²时,城镇建成区的相对地表温度(RLST)则普遍高于2 ℃,即形成热岛效应。2002—2012年,形成区域热岛所对应的城镇建成区斑块面积的阈值为2 km²。2017年,当城镇建成区的斑块面积大于3 km²时,城镇建成区的相对地表温度(RLST)则悉数高于2 ℃。

3.2.2 城市面积规模与城市热环境的关系

本节分别以厦门、漳州、泉州三市的城镇建成区斑块面积为自变量,以各斑块的相对地表温度(RLST)为因变量进行线性回归分析,结果显示,两者的对数回归方程的决定系数R^2普遍小于0.05,两者的关联性较弱。根据前文分析所得到的形成热岛效应的斑块面积阈值,分别选取斑块面积大于2 km²的斑块为研究对象做回归分析,结果表明,两者的对数回归方程的决定系数R^2显著升高,普遍大于0.310(表3-5)。而小于2 km²的斑块则不存在显著相关关系。这说明当闽南三市城镇建成区斑块面积大于2 km²时,城镇建成区的斑块面积与相对地表温度(RLST)呈现显著的对数正相关关系。

通过比较可知,城镇建成区的斑块面积与相对地表温度(RLST)回归方程的决定系数R^2总体呈现出"厦门＞泉州＞漳州"。这与三市的城镇建成区格局有关,厦门的城镇扩张明显,城镇分布范围较大,因而建成区面积对热环境的影响显著。泉州的城镇扩张略弱于厦门,城镇分布相对有限,建成区面积对热环境的影响弱于厦门。而漳州的城市发展相对滞后,城镇分布范围较小,因而建成区面积对热环境的影响较弱。

表 3-5　闽南三市各城镇建成区斑块面积(大于 2 km²)与相对地表温度(RLST)回归分析检验表

地区	年份	回归方程	相对地表温度(RLST)高增长速率阈值/km²	决定系数 R^2	F 检验值	显著性 Sig.
厦门	1996	$y = 1.181 \times \ln x + 0.155$	<11.813	0.659	52.178	0.000
	2002	$y = 1.088 \times \ln x + 1.129$	<10.881	0.754	85.825	0.000
	2007	$y = 0.622 \times \ln x + 2.353$	<6.224	0.599	38.762	0.000
	2012	$y = 0.805 \times \ln x + 2.000$	<8.051	0.570	42.494	0.000
	2017	$y = 0.952 \times \ln x + 3.105$	<9.520	0.831	107.959	0.000
漳州	1996	$y = 1.290 \times \ln x + 1.011$	<12.900	0.791	113.388	0.000
	2002	$y = 0.608 \times \ln x + 2.767$	<6.080	0.643	90.244	0.000
	2007	$y = 0.748 \times \ln x + 1.464$	<7.480	0.535	68.360	0.000
	2012	$y = 1.020 \times \ln x + 1.121$	<7.480	0.516	65.920	0.000
	2017	$y = 1.337 \times \ln x + 2.300$	<13.370	0.597	69.696	0.000
泉州	1996	$y = 1.612 \times \ln x + 1.679$	<16.120	0.313	24.170	0.000
	2002	$y = 1.481 \times \ln x + 2.393$	<14.810	0.417	37.917	0.000
	2007	$y = 1.197 \times \ln x + 2.964$	<11.970	0.596	78.093	0.000
	2012	$y = 1.314 \times \ln x + 2.053$	<13.140	0.562	59.081	0.000
	2017	$y = 1.493 \times \ln x + 2.044$	<14.930	0.748	148.578	0.000

根据函数求导法则可知,对数函数因变量的增长速率会随自变量的增加而逐渐衰减。因此,本节运用对数函数的求导公式,进一步探求相对地表温度(RLST)随斑块面积迅速上升时,所对应的斑块面积阈值区间。参考相关文献(Imhoff et al.,2010),以相对地表温度(RLST)上升率低于 0.1 个单位为临界值(即对数函数导数小于 0.1)进行计算。结果显示,1996—2017 年,三市所对应的高增长速率阈值呈现"泉州>漳州>厦门"的态势。以 2017 年为例,厦门、漳州、泉州三市所对应的阈值分别为 9.52 km²、13.37 km²、14.93 km²。这意味着三市城镇建成区的斑块面积在大于 2 km² 且小于上述区间时,相对地表温度(RLST)的单位增长速率大于 0.1 ℃。

3.3 城市人口规模的影响机理

3.3.1 城市人口规模的热力特征分异

本节基于全球人口密度数据 LandScan,分析单位面积下人口规模与城市热环境的联系与分异特征。数据来自全球人口密度数据 LandScan 中心网站。参考相关文献(Peng et al.,2018),对人口密度数据进行几何校正、投影等预处理。为验证数据的精度,通过该数据计算各县区的总人口数,并与福建省统计年鉴官方公布的数据进行相关性分析,结果显示,相关系数普遍大于0.834,且通过了显著性检验,表明该数据符合研究精度要求。

通过地理信息系统软件ArcGIS 10.2,将人口密度数据输入1 km×1 km的网格单元内,运用箱线图,将人口密度划分为若干个取值区间,并分析其对应的相对地表温度(RLST)数值分布情况。由于目前仅有2000年之后的人口密度数据,因而,本节仅分析2002—2017年人口密度对城市热环境的影响。为便于统计,分别对闽南三市的人口密度进行标准化处理。

闽南三市各区间人口密度的相对地表温度(RLST)箱线图如图3-12至图3-14所示。结果显示,人口密度较高的区间,其相对地表温度(RLST)也普遍较高,但相比于城镇建成区面积,各区间的相对地表温度(RLST)波动较大,高等级区间也存在众多相对地表温度(RLST)较低的情况。这说明人口密度与相对地表温度(RLST)存在正向关系,但正向关系并不明确。

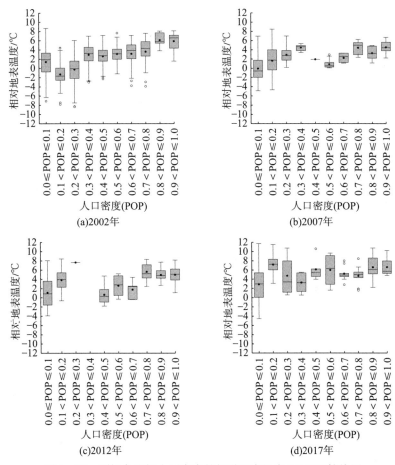

图3-12 厦门各区间人口密度的相对地表温度(RLST)箱线图

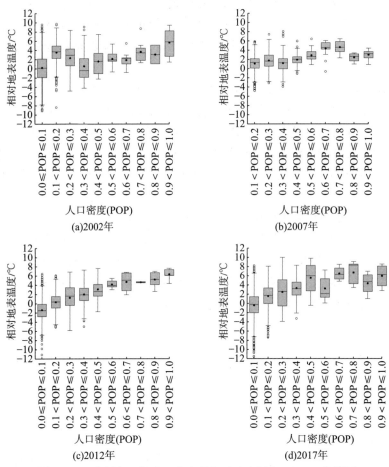

图 3-13 漳州各区间人口密度的相对地表温度(RLST)箱线图

参考相关文献(Yu et al.，2019)，若地区的相对地表温度(RLST)高于 2 ℃时，则该地区处于热岛状态。本节以此为依据，析取形成热岛效应的人口密度阈值。由于各区间的人口密度与相对地表温度(RLST)的正向关系并不显著，因此以该区间内 75%与 100%的相对地表温度(RLST)大于 2 ℃时，即箱体下四分位线、下边缘线高于 2 ℃时，所对应的最小值作为形成热岛效应的人口密度阈值(表 3-6)。

从表 3-6 中可以看出，厦门形成热岛效应的人口密度普遍较大。2017 年，当人口密度大于 11 084.57 人/km^2 时，75%的空间单元会形成热岛效应；当人口密度大于 16 626.85 人/km^2 时，全部的空间单元会形成热岛效应。这与厦门的人口密度较大有关，厦门地域狭小，本岛人口密度甚至高于我国香港地区，因而其城市热岛效应较为显著，全域相对地表温度(RLST)普遍较高，因此，形成热岛效应所对应的人口密度阈值较大。漳州形成热岛效应的人口密度普遍较小，形成热岛效应的最小阈值始终低于 4 188.75 人/km^2。这归因于漳州的城镇化水平较低，人口密度相对较小，

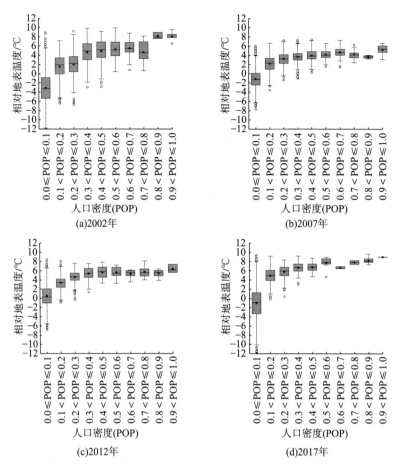

图 3-14 泉州各区间人口密度的相对地表温度(RLST)箱线图

表 3-6 闽南三市形成热岛效应所对应的人口密度阈值

概率	年份	厦门		漳州		泉州	
		标准化值	实际数值/(人·km^{-2})	标准化值	实际数值/(人·km^{-2})	标准化值	实际数值/(人·km^{-2})
75%	2002	0.50	1 660.22	0.70	2 061.01	0.30	1 357.03
	2007	0.70	7 558.14	0.50	1 924.46	0.20	1 582.63
	2012	0.70	15 761.76	0.50	2 833.20	0.10	1 638.40
	2017	0.40	11 084.57	0.40	2 818.03	0.10	1 982.18
100%	2002	0.80	2 656.35	0.90	2 627.18	0.50	2 712.43
	2007	0.70	7 558.14	0.60	2 292.85	0.30	3 823.78
	2012	0.70	15 761.76	0.70	3 936.30	0.20	6 316.78
	2017	0.60	16 626.85	0.60	4 188.75	0.20	5 783.17

3 城市规模管控的原理 | 047

城区热岛效应相对有限,全域相对地表温度(RLST)较低,因而,形成热岛效应所对应的人口密度阈值较小。泉州形成热岛效应的人口密度略大于漳州,形成热岛效应的最小阈值始终低于 6 316.78 人/km²。2017年,当人口密度大于 1 982.18 人/km² 时,75%的空间单元会形成热岛效应;当人口密度大于 5 783.17 人/km² 时,全部空间单元会形成热岛效应。

随着时间的推移,三市形成热岛效应的最小阈值逐渐增大,即形成热岛效应时所对应的人口密度逐渐增大。这是由于三市城区不断扩张,城市热岛效应逐渐加强,因而形成热岛效应所对应的阈值逐渐增大。

3.3.2 人口密度与城市热环境的关系

本节运用统计产品与服务解决方案(SPSS)软件、空间统计分析软件OpenGeoDa 分别计算了人口密度与相对地表温度(RLST)的相关系数,以及双变量空间自相关莫兰指数(Moran's I)(表 3-7),结果显示,三市的人口密度与相对地表温度(RLST)均呈现显著的正相关性及空间正相关性。这说明局部地区人口密度升高,会导致该地区及周边区域的相对地表温度(RLST)升高。这是由于随着人口的集中,城市地表覆被及下垫面特征发生了巨大变化,此外,居民生产、生活及交通的热排放量增加,局部地区及周边地区的相对地表温度(RLST)随之升高。

表 3-7 闽南三市人口密度与相对地表温度(RLST)的相关性及双变量空间自相关分析

年份	厦门		漳州		泉州	
	相关系数	莫兰指数(Moran's I)	相关系数	莫兰指数(Moran's I)	相关系数	莫兰指数(Moran's I)
2002	0.434**	0.404**	0.328**	0.323**	0.648**	0.643**
2007	0.379**	0.371**	0.405**	0.397**	0.651**	0.642**
2012	0.277**	0.269**	0.399**	0.387**	0.526**	0.516**
2017	0.247**	0.238**	0.345**	0.334**	0.571**	0.563**

注:** 表示显著性水平为 0.001。

三市人口密度与相对地表温度(RLST)的相关系数及双变量莫兰指数(Moran's I)的变化规律不稳定,这与人口密度对城市热环境的影响机制较为复杂有关。人口密度往往通过地表覆被类型、人为热排放量的改变等其他因素来影响热环境,而这种影响机制更易受直接改变热环境的因素干预(刘焱序等,2017),因而两者的相关关系并不恒定。

泉州人口密度与相对地表温度(RLST)的相关系数及双变量莫兰指数(Moran's I)始终高于厦门、漳州,即泉州的人口密度对热环境的影响较大。这是由于泉州的人口密集区域与热岛区域比较一致,而人口稀少区域多为冷岛区域,热岛区域多出现在东南沿海人口密集的城区,而冷岛区域则多出现在西北内陆的山林地带,因而人口密度与相对地表温度(RLST)的关联较大。厦门人口密度与相对地表温度(RLST)的相关系数及双变量莫兰指数(Moran's I)总体下降的幅度较大,2012—2017年,两者的相关系数及双变量莫兰指数(Moran's I)均小于漳州。这是因为人口规模对城市热环境的影响普遍存在幂律、对数等非线性关系,而厦门的人口密度整体较大,已远超出显著影响热环境的阈值(刘焱序等,2017),因而人口密度与相对地表温度(RLST)的关联减小。漳州的人口密度与相对地表温度(RLST)的关联略大于厦门。这与漳州人口总体稀少有关。漳州的社会经济发展相对滞后,人口密度普遍较小,因而对城市热环境的影响比较有限。

运用统计产品与服务解决方案(SPSS)软件,分别以三市的人口密度为自变量,以相对地表温度(RLST)为因变量进行回归分析(表3-8)。结果表明,两者的对数回归方程决定系数 R^2 较高,存在显著的对数正相关关系。总体来看,泉州回归方程的决定系数 R^2 普遍高于其他两地,厦门回归方程的拟合度 R^2 普遍略高于漳州。

运用对数函数的求导公式,进一步探求相对地表温度(RLST)随人口密度的增加而迅速上升时,所对应的人口密度阈值区间。鉴于因变量相对地表温度(RLST)变幅较大,以相对地表温度(RLST)上升率低于10个单位为临界值(即对数函数导数小于10)进行计算(表3-8)。结果显示,随着时间的推移,三市相对地表温度(RLST)高增长速率所对应的人口密度

表3-8 闽南三市人口密度与相对地表温度(RLST)回归分析检验表

地区	年份	回归方程	相对地表温度(RLST)高增长速率阈值/(人·km^{-2})	决定系数 R^2	F 检验值	显著性 Sig.
厦门	2002	$y = 3.575 \times \ln x + 5.419$	1 187.056	0.349	575.611	0.000
	2007	$y = 2.010 \times \ln x + 5.404$	2 170.266	0.320	527.603	0.000
	2012	$y = 1.933 \times \ln x + 6.690$	4 352.497	0.337	521.904	0.000
	2017	$y = 1.968 \times \ln x + 8.902$	5 453.608	0.285	422.147	0.000
漳州	2002	$y = 2.913 \times \ln x + 8.732$	824.624	0.447	4 533.482	0.000
	2007	$y = 1.653 \times \ln x + 4.161$	608.944	0.360	3 021.134	0.000
	2012	$y = 1.968 \times \ln x + 8.902$	1 085.451	0.298	2 086.298	0.000
	2017	$y = 1.775 \times \ln x + 5.160$	1 216.518	0.277	1 831.355	0.000
泉州	2002	$y = 3.637 \times \ln x + 8.123$	1 643.196	0.641	13 432.456	0.000
	2007	$y = 2.260 \times \ln x + 6.201$	1 688.329	0.622	12 501.422	0.000
	2012	$y = 1.780 \times \ln x + 7.160$	2 775.838	0.483	6 960.043	0.000
	2017	$y = 2.960 \times \ln x + 10.586$	5 625.476	0.642	13 517.733	0.000

阈值逐渐增大。总体上,泉州相对地表温度(RLST)高增长速率所对应的人口密度阈值较大,厦门次之,漳州较小。以2017年为例,厦门、漳州、泉州三市所对应的阈值分别为5 453.608人/km^2、1 216.518人/km^2、5 625.476人/km^2。这意味着三市的人口密度在小于上述区间时,相对地表温度(RLST)的增长速率较快。

4 景观格局重构的原理

作为景观空间的形态展示,景观格局是在城市规模的基础上对城市空间的进一步刻画。景观格局是各类生态过程相互作用的集中体现,同时也会通过各类景观的空间构型来影响生态过程。城市热岛是城市化进程下,城市景观格局演化导致的后果之一。因此,揭示城市热环境与景观格局的空间关联,可为景观格局的重构提供科学依据。

本章基于地表温度(LST)数据及景观监督分类数据,综合运用双变量空间自相关、景观效应指数、移动窗口分析、空间自回归模型等方法,旨在揭示闽南三市景观格局与城市热环境的空间关联,探讨两者空间关联的时空分异特征,为闽南地区缓解城市热岛的景观格局优化提供科学依据。本章主要包含以下两个部分内容:(1)景观类型的热环境效应,即景观类型变化对城市热环境时空格局的影响,旨在揭示不同景观类型的热力特征差异,并借鉴源汇景观理论,划分源、汇景观,运用箱线图、回归分析,识别源汇景观组分显著驱动热岛效应的阈值区间。(2)景观空间构型的影响机理,即定量探讨不同景观类型,如耕地、绿地、水域、建设用地以及景观整体的聚集程度、形状复杂程度、破碎程度等信息,对城市热环境的影响机理。

4.1 景观类型的热环境效应

4.1.1 景观类型的热力特征差异

本节运用遥感图像软件 ENVI 5.3 中的支持向量机(Support Vector Machine,SVM)对 1996—2017 年陆地卫星(Landsat)遥感影像的景观进行监督分类,结果见前图 3-3。

本书将相对地表温度(RLST)图像(见前图 3-2)与景观类型分布图(见前图 3-3)叠加,提取各景观类型的相对地表温度(RSLT)数据,通过箱形图比较各景观类型的热环境特征(图 4-1 至图 4-3),结果显示,建设用地及耕地的相对地表温度(RLST)普遍较高。建设用地多为非渗透性下垫面,比热容较小,且人为热排放量高,城区建筑密度较大,空气流通困难,因而地表吸热升温迅速。而受遥感影像成像时间及季节、农时的影响,耕地的植被覆盖率低,地表蒸散能力弱。因此,建设用地与耕地的相对地表温度(RLST)较高。随着城区扩张及耕地的减少,城区的热岛效应凸显,建

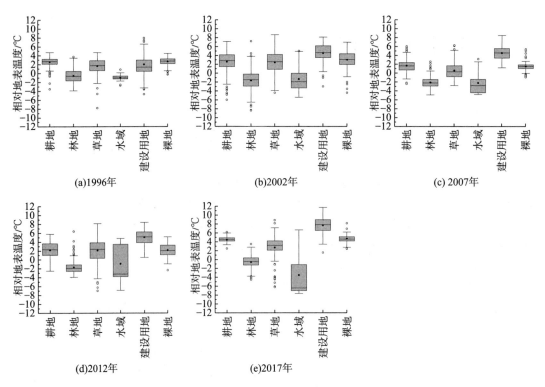

图 4-1 1996—2017 年厦门景观类型的相对地表温度(RLST)比较

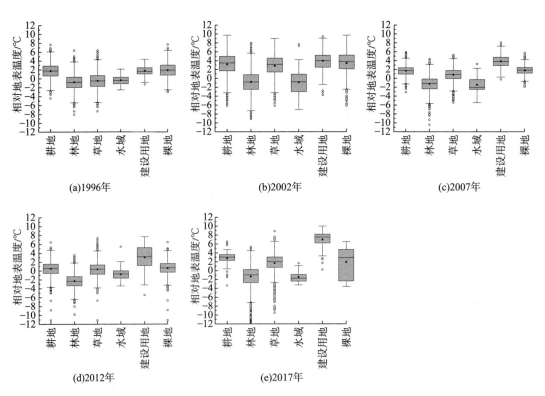

图 4-2 1996—2017 年漳州景观类型的相对地表温度(RLST)比较

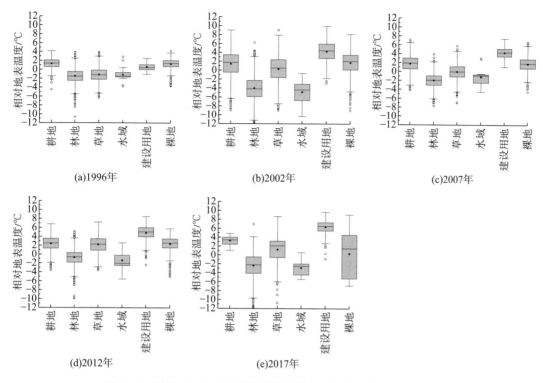

图 4-3 1996—2017 年泉州景观类型的相对地表温度（RLST）比较

设用地的相对地表温度（RLST）持续上升，耕地的相对地表温度（RLST）则逐渐下降。水域与林地的 RLST 较低，基本为负数，这与既有的研究吻合(Zhao et al., 2014)。这表明两者是调控温度变化的重要景观。比较来看，水域的相对地表温度（RLST）极差普遍较小，数据分布相对集中，这是因为水体的热惯性高，热环境属性比较稳定。植被由于热惯性不及水体高，且林地空间分布范围较大，更易受邻近其他景观热效应的影响，因此林地的相对地表温度（RLST）波动较大。草地热环境属性不稳定，这是由于草地的植被覆盖率较低，自身的降温效果较弱，且由于比例有限，更易受其他景观类型的影响，因此自身热环境属性表现不足。裸地由于地表裸露，受太阳辐射影响升温明显，因而其相对地表温度（RLST）较高，与耕地比较接近。但是由于裸地斑块相对破碎，且比例较低，因而也易受其他景观热环境的干扰，其相对地表温度（RLST）的极差较大，热环境特征不明显。

4.1.2 源汇景观与城市热环境的关系

1）基于热力特征的源汇景观分类

根据陈利顶等（2006）提出的源汇景观理论，本节以缓解城市热岛的降温过程为生态过程，划分源、汇景观。

建设用地、耕地的相对地表温度（RLST）较高，是阻碍地表降温的汇景观;林地、水域的相对地表温度(RLST)较低,冷岛效应明显,是调控温度变化的重要冷源,是促进降温过程的源景观。裸地、草地本身规模有限,且草地植被覆盖率低,两者均易受邻近景观的同化,因此,相对地表温度(RLST)并不稳定,自身热环境属性表现不强。然而,尽管草地降温效果不明显,但其表面具有一定的植被覆盖度,有潜在的降温效能,也应归类为源景观;裸地地表裸露,受太阳辐射影响升温迅速,相对地表温度(RLST)较高,应作为汇景观。

2) 源汇景观组分对城市热环境的影响机理

(1) 源汇景观组分的热力特征分异

参考相关文献(Yu et al., 2019),若地区的相对地表温度(RLST)高于2 ℃,则该地区处于热岛状态,若相对地表温度(RSLT)低于0 ℃,则该地区处于冷岛状态。为探讨源汇景观组分的热环境特征,以确定局部地区处于热岛、冷岛状态时,所对应的源汇景观组分阈值,以 300 m×300 m 的网格单元为统计样本,计算网格单元内的相对地表温度(RLST)与源汇景观组分。以源景观的比例为切入点,按 0.1(10%) 为间隔单位,将源景观的比例等分为 10 个等级,通过箱线图分析各等级相对地表温度(RLST)的数据分布特征(图 4-4 至图 4-6)。

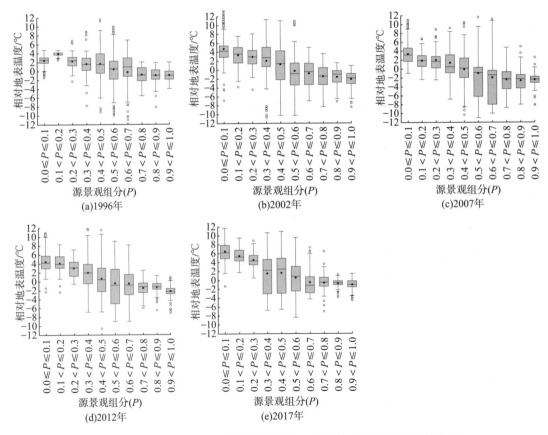

图 4-4　1996—2017 年厦门源景观组分与相对地表温度(RLST)的关系

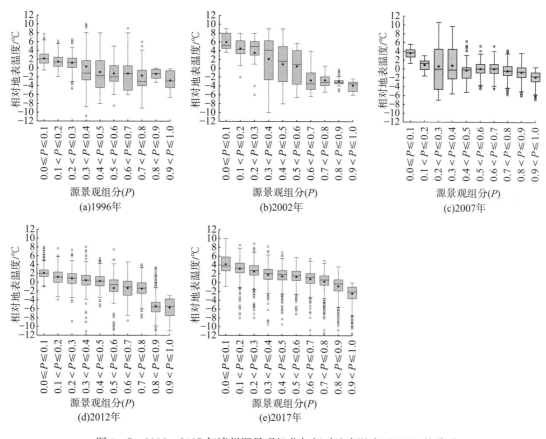

图 4-5 1996—2017 年漳州源景观组分与相对地表温度(RLST)的关系

结果显示,1996—2017 年,源景观的比例越高,其相对地表温度(RLST)低于 0 ℃或 2 ℃的样本越多,即随着源景观比例的增加,相对地表温度(RLST)整体呈现下降趋势。在时间序列下,这种下降趋势逐渐加强。1996 年,随着源景观比例的增加,相对地表温度(RLST)数据分布的梯度变化并不明显。随着时间的推移,相对地表温度(RLST)数据分布的梯度变化越发明显。这体现出源汇景观组分与热环境的关联逐渐加强。此外,当源景观组分在 0.3—0.7 时,相对地表温度(RLST)的极差较大,而当源景观组分小于 0.3 或大于 0.7 时,相对地表温度(RLST)的极差较小。这说明在源汇景观组分相当的区域,热环境并不稳定。

即便是在源景观的组分大于 0.9 的区域中,相对地表温度(RLST)仍存在大于 0 ℃甚至是大于 2 ℃的情况。这些地区多紧邻汇景观集中的高温区域,受其较强的升温效应影响,相对地表温度(RLST)也较高。在源景观比例较低的区域中,相对地表温度(RLST)也存在低于 0 ℃的情况,这是由于这些地区与源景观集中的低位区域毗邻,受周边区域较强的冷岛效应影响,因此其相对地表温度(RLST)也较低。

厦门的相对地表温度(RLST)普遍较高,这与其城区规模较大,绿地、水域等自然地表较少等因素有关。1996—2017 年,在源景观组分大于 0.6

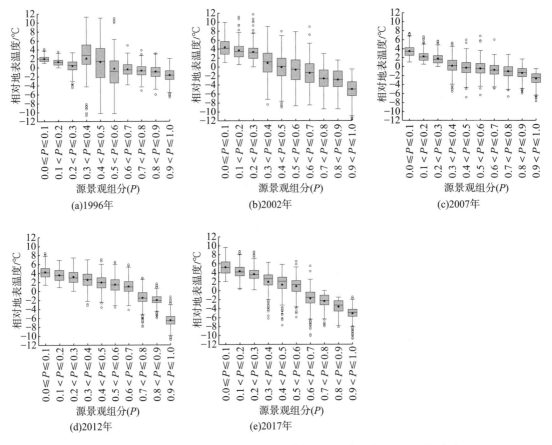

图 4-6　1996—2017 年泉州源景观组分与相对地表温度(RLST)的关系

的情况下,相对地表温度(RLST)的平均值始终低于 2 ℃;在源景观组分大于 0.9 的情况下,相对地表温度(RLST)的平均值始终低于 0 ℃。

漳州城市发展有限,热岛效应相对较弱,因此,相对地表温度(RLST)普遍较低。由于林地等源景观分布连续且集中,漳州城市热环境受城市升温效应影响较小。在源景观组分较大的区间,相对地表温度(RLST)的极差较小,热环境比较稳定。1996—2017 年,在源景观组分大于 0.4 的情况下,相对地表温度(RLST)的平均值始终低于 2 ℃;在源景观组分大于 0.7 的情况下,相对地表温度(RLST)的平均值基本低于 0 ℃。

泉州相对地表温度(RLST)的数据分布状况与漳州较为相似。1996—2017 年,在源景观组分大于 0.4 的情况下,相对地表温度(RLST)的平均值始终低于 2 ℃;在源景观组分大于 0.8 的情况下,相对地表温度(RLST)的平均值始终低于 0 ℃。

(2) 源汇景观组分与城市热环境的关联

本节以 300 m×300 m 的网格单元为统计样本,以网格单元内的相对地表温度(RLST)为因变量,以网格单元内的源汇景观的组分之差为自变量,构建二维散点图,并进行回归分析,以量化局部地区在处于冷岛状态

[相对地表温度(RLST)低于0 ℃]与热岛状态[相对地表温度(RLST)高于2 ℃]时源汇景观所对应的组分,所有的回归方程均通过了显著性检验(图4-7至图4-9)。结果显示,1996—2017年,相对地表温度(RLST)与源汇景观组分差值呈负相关性。

随着时间的推移,相对地表温度(RLST)与源汇景观组分差值回归方程的决定系数 R^2 均逐渐增大。相对地表温度(RLST)低于2 ℃或0 ℃时,所对应的源汇景观的组分之差均逐渐增加。从图4-7至图4-9中可以看出,1996—2017年,散点图的回归曲线逐渐向自变量的高值区移动。这意味着局部区域内需要更多的源景观以缓解热岛效应。这是由于1996—2017年,闽南三市城区扩张明显,大量自然地表转化为非渗透性地表,城市热岛效应逐渐加强,因此,缓解热岛效应、促进城市降温的过程对源景观的需求逐渐增大。

闽南三市热环境效应所对应的源景观组分差异明显。在同一相对地表温度(RLST)下,厦门的源景观组分数值普遍较大,泉州次之,漳州略小于泉州,三市整体表现为"厦门＞泉州＞漳州"。以2017年为例,当厦门、漳州、泉州的源景观组分分别大于0.608、0.366、0.378,汇景观比例分别小于0.392、0.634、0.622时,相对地表温度(RLST)低于2 ℃。当厦门、漳州、泉州的源景观组分分别大于0.852、0.687、0.616,汇景观组分分别小

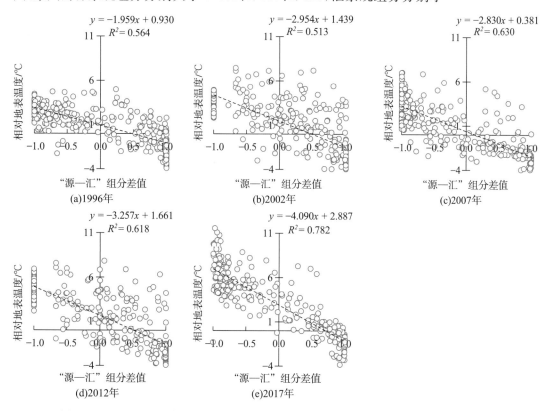

图4-7 1996—2017年厦门相对地表温度(RLST)与源汇景观组分差值变化的散点图

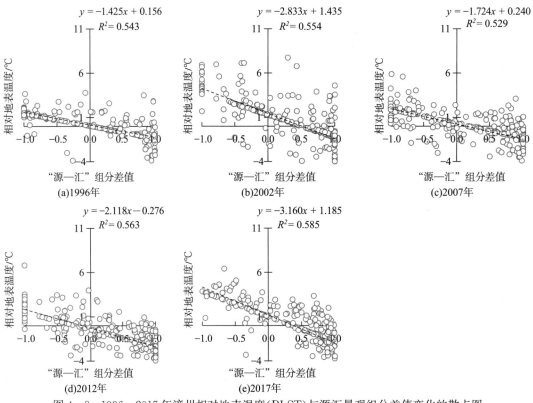

图 4-8 1996—2017 年漳州相对地表温度（RLST）与源汇景观组分差值变化的散点图

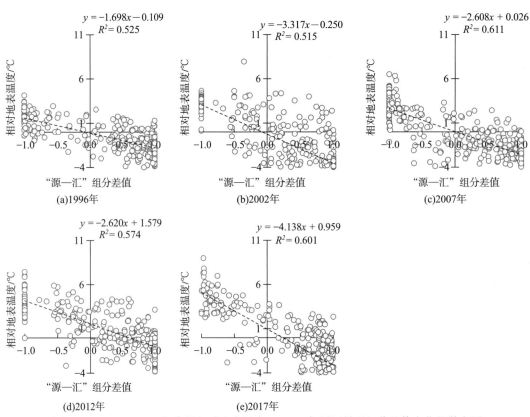

图 4-9 1996—2017 年泉州相对地表温度（RLST）与源汇景观组分差值变化的散点图

于 0.148、0.313、0.384 时,相对地表温度(RLST)低于 0 ℃。在散点图中,存在大量距离回归曲线较远的散点,这意味着上述数值未必适用于研究区的所有区域。由于热环境存在明显的空间异质性,个别地区由于位于城区中心位置,紧邻城市高温区域,需要更多的源景观来缓解过热现象。

此外,在三市中,改变相同比例的源景观,引发的热环境变化差异明显。以 2017 年为例,若源景观组分提高 10%,厦门、漳州、泉州的相对地表温度(RLST)可能分别下降 0.818 ℃、0.632 ℃、0.828 ℃。总体来看,在厦门、泉州,增加相同比例的源景观,相对地表温度(RLST)的下降幅度较大,而在漳州则较小。这可能与漳州绿地比例整体较大、分布密集有关,单纯增加源景观而产生的降温效果并不显著。

4.2 景观空间构型的影响机理

4.2.1 耕地景观空间构型的影响

1) 相关性与双变量空间自相关分析

本节通过移动窗口分析,计算研究区域各窗口内的景观格局指数,通过地理信息系统软件 ArcGIS 10.2 提取各窗口内的地表温度(LST),运用统计产品与服务解决方案(SPSS)软件计算耕地景观格局指数与地表温度(LST)的皮尔逊(Pearson)相关系数,并利用空间统计分析软件 OpenGeoDa 计算两者的双变量空间自相关莫兰指数(Moran's I)(表 4-1 至表 4-3)。受限于文章篇幅,为简化分析,本节选取 1996 年、2007 年、2017 年三个时期的截面数据进行分析。分析显示,三市中耕地的各类景观格局指数与地表温度(LST)均呈现显著的正相关性及空间正相关性,即局部地区耕地斑块的面积、数量、聚集程度、形状复杂程度的增加,会导致该地区及周边区域的地表温度(LST)升高。这是由于在本节的遥感影像成像时间内,耕地地表裸露,受太阳辐射更易升温。随着斑块趋于连续集中,可累积形成较强的热效应(Chen et al.,2014;王耀斌等,2017;Peng et al.,2018),进而导致地表温度(LST)升高。值得注意的是,耕地的斑块密度(PD)、边缘密度(ED)与地表温度(LST)也呈显著的正相关性,即破碎分散的耕地斑块也具有明显的升温作用。这是由于零散破碎的耕地多与同类型的景观斑块或建设用地景观距离较近,热环境属性相似的斑块累积形成的热效应较强(Chakraborti et al.,2019)。此外,耕地的破碎化也会导致其与周边景观的接触面增加,促进其内部的热量向外"溢出",进而使地表温度(LST)上升。

耕地的景观类型比例(PLAND)、聚集度指数(AI)与地表温度(LST)的相关系数及双变量空间自相关莫兰指数(Moran's I)较高,即耕地景观比例丰度与聚集程度对热环境的影响更为明显。从时间序列可以看出,1996—2017 年,三市耕地景观格局指数与地表温度(LST)的皮尔逊(Pearson)

表4-1 厦门耕地景观格局指数与地表温度(LST)的相关性、双变量空间自相关分析

景观格局指数	1996年		2007年		2017年	
	相关系数	莫兰指数(Moran's I)	相关系数	莫兰指数(Moran's I)	相关系数	莫兰指数(Moran's I)
景观类型比例(PLAND)	0.624**	0.573**	0.397**	0.291**	0.301**	0.254**
斑块密度(PD)	0.463**	0.400**	0.309**	0.201**	0.158**	0.136**
边缘密度(ED)	0.169**	0.113**	0.278**	0.214**	0.303**	0.248**
最大斑块指数(LPI)	0.645**	0.570**	0.360**	0.282**	0.284**	0.229**
聚集度指数(AI)	0.589**	0.517**	0.377**	0.238**	0.276**	0.221**
平均斑块面积(Area_MN)	0.634**	0.569**	0.394**	0.278**	0.237**	0.219**
景观形状指数(LSI)	0.523**	0.451**	0.309**	0.213**	0.214**	0.188**

注:** 表示显著性水平为0.001。表4-2、表4-3含义相同。

表4-2 漳州耕地景观格局指数与地表温度(LST)的相关性、双变量空间自相关分析

景观格局指数	1996年		2007年		2017年	
	相关系数	莫兰指数(Moran's I)	相关系数	莫兰指数(Moran's I)	相关系数	莫兰指数(Moran's I)
景观类型比例(PLAND)	0.598**	0.571**	0.568**	0.506**	0.477**	0.436**
斑块密度(PD)	0.398**	0.390**	0.425**	0.389**	0.414**	0.345**
边缘密度(ED)	0.631**	0.566**	0.390**	0.340**	0.564**	0.549**
最大斑块指数(LPI)	0.533**	0.466**	0.481**	0.479**	0.489**	0.479**
聚集度指数(AI)	0.527**	0.442**	0.536**	0.478**	0.476**	0.462**
平均斑块面积(Area_MN)	0.507**	0.464**	0.494**	0.479**	0.487**	0.456**
景观形状指数(LSI)	0.480**	0.421**	0.468**	0.422**	0.447**	0.421**

表4-3 泉州耕地景观格局指数与地表温度(LST)的相关性、双变量空间自相关分析

景观格局指数	1996年		2007年		2017年	
	相关系数	莫兰指数(Moran's I)	相关系数	莫兰指数(Moran's I)	相关系数	莫兰指数(Moran's I)
景观类型比例(PLAND)	0.562**	0.522**	0.542**	0.502**	0.456**	0.411**
斑块密度(PD)	0.392**	0.368**	0.472**	0.439**	0.256**	0.215**
边缘密度(ED)	0.307**	0.281**	0.471**	0.436**	0.438**	0.377**
最大斑块指数(LPI)	0.557**	0.516**	0.526**	0.487**	0.416**	0.379**
聚集度指数(AI)	0.474**	0.433**	0.542**	0.501**	0.391**	0.348**
平均斑块面积(Area_MN)	0.555**	0.514**	0.520**	0.482**	0.398**	0.364**
景观形状指数(LSI)	0.452**	0.415**	0.522**	0.479**	0.332**	0.288**

相关系数及双变量空间自相关莫兰指数(Moran's I)均逐渐减小,即耕地景观格局对地表温度(LST)的影响作用逐渐减弱,这是由于三市城镇扩张,耕地逐渐减少,并其景观斑块逐渐分散破碎,因此,耕地景观对热环境的影响逐渐减弱。

景观类型比例(PLAND)是量化景观比例丰度的指标,在空间中能直接反映某类景观的分布状况。以耕地的景观类型比例(PLAND)为自变量,地表温度(LST)为因变量,通过空间统计分析软件 OpenGeoDa 进行局部双变量空间自相关分析(图 4-10)。结果显示,耕地景观与地表温度(LST)的聚类模式以高—高(HH)、低—低(LL)聚集为主。三市高—高(HH)聚集"组团"出现在东部沿海耕地连续集中的地区,这些地区地势平坦,交通便利,易于耕作;低—低(LL)聚集则以西部内陆的林区为主,这些地区植被密集,地表温度(LST)较低。从时间序列上可以看出,由于建设用地的扩张,城镇热岛效应日益凸显,高—高(HH)聚集逐步被低—高(LH)聚集取代,并趋于分散破碎。

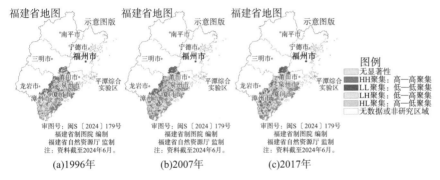

图 4-10 1996—2017 年闽南三市耕地景观与地表温度(LST)的局部双变量空间联系的局部指标(LISA)分布图

比较厦门、漳州、泉州三市可以看出,1996 年厦门耕地景观格局指数与地表温度(LST)的相关系数、双变量空间自相关莫兰指数(Moran's I)均较大,即耕地景观对热环境的影响显著。至 2007 年、2017 年,三市的耕地景观格局指数与地表温度(LST)的相关系数、双变量空间自相关莫兰指数(Moran's I)呈现"漳州＞泉州＞厦门"的态势。这与耕地景观的优势度及其空间分布有关。1996 年,厦门耕地比例较多,空间分布较大,耕地景观对热环境的影响更为显著。随着厦门城镇的迅速扩张,耕地大量减少,并趋于破碎,耕地景观对热环境的影响作用逐渐减弱。而漳州、泉州的耕地比例降幅较小,相比于厦门,耕地景观对热环境的影响更为显著。

2) 空间自回归分析

本节以耕地的各类景观格局指数为自变量,地表温度(LST)为因变量,分别进行普通回归分析。为便于统计分析,本节对所有的自变量、因变量进行标准化处理,将所有变量的数值映射到 0—1 范围内,计算方法为

$$B_i = (V_j - V_{\min})/(V_{\max} - V_{\min}) \qquad (4-1)$$

式中，B_j 为变量 V 空间单元 j 归一化后的数值；V_j 为变量 V 空间单元 j 的数值；V_{max}、V_{min} 分别为变量 V 的最大值与最小值。

为避免各类景观格局指数间的多重共线性，采用逐步回归的方式，剔除显著性弱的自变量(表4-4)，各逐步回归模型均通过了共线性及显著性检验。在不同年份，各类景观进入逐步回归模型的景观格局指数差别不大，说明耕地景观格局对热环境的影响机制相对稳定；在各类景观的逐步回归模型中，景观类型比例(PLAND)始终作为自变量出现，斑块密度(PD)、聚集度指数(AI)、景观形状指数(LSI)出现的频率也较高，说明在耕地景观格局指数中，景观斑块的比例丰度、聚集度、形状对热环境的影响更显著。

表4-4 闽南三市耕地景观格局指数与地表温度(LST)的普通线性回归分析

地区	年份	回归方程	决定系数 R^2	F 检验值
厦门	1996	LST = 2.419PLAND + 0.008AI + 0.348PD − 0.747	0.410	1 103.943
	2007	LST = 3.365PLAND + 1.232PD + 1.649AI + 0.038ED + 0.318	0.146	203.084
	2017	LST = 4.721PLAND + 0.475PD − 1.053	0.098	258.164
漳州	1996	LST = 0.260PLAND + 0.068PD + 0.166LSI − 0.088ED − 0.040AI − 0.157Area_MN + 0.454	0.260	2 114.097
	2007	LST = 0.024PLAND + 0.160PD + 0.064ED + 0.147Area_MN + 0.377	0.345	4 742.212
	2017	LST = 0.074PLAND + 0.123ED + 0.119PD + 0.037AI + 0.257Area_MN + 0.184LPI − 0.487	0.416	3 675.074
泉州	1996	LST = 0.172PLAND + 0.064PD − 0.029AI + 0.052LSI + 0.442	0.326	3 893.185
	2007	LST = 0.153PLAND + 0.161PD + 0.049ED + 0.050LSI − 0.014AI + 0.499	0.382	3 985.255
	2017	LST = 0.365PLAND + 0.042PD + 0.030AI + 0.111Area_MN + 0.535	0.217	2 228.122

注：LST 为地表温度；PLAND 为景观类型比例；AI 为聚集度指数；PD 为斑块密度；ED 为边缘密度；LSI 为景观形状指数；Area_MN 为平均斑块面积；LPI 为最大斑块指数。

通过比较可以看出，1996年，厦门耕地景观格局指数与地表温度(LST)的回归方程的决定系数 R^2 较大。2007年与2017年，回归方程的决定系数 R^2 则呈现出"漳州>泉州>厦门"的态势。这与相关性、双变量空间自相关分析的结果一致，即厦门耕地景观对热环境的影响作用逐渐减小,降幅最为明显,而漳州、泉州的耕地景观对热环境的影响则较大。以 2017 年为例,对厦门、漳州、泉州的耕地景观格局指数与地表温度(LST)进行空间滞后模型(Spatial Lag Model,SLM)、空间误差模型(Spatial Error Model,SEM)分析(表 4-5)。耕地的景观类型比例(PLAND)与斑块密度(PD)进入回归模型的频率最高,且景观类型比例(PLAND)的回归系数普遍较大,这表明耕地的景观类型比例(PLAND)对地表温度(LST)的影响最为明显。在空间误差模型(SEM)中,空间残差项的回归系数 λ 为正且显著,说明模型误差的空间依赖较强;在空间滞后模型(SLM)中,地表温度(LST)的回归系数 ρ 始终为正值且显著,说明局部区域的地表温度(LST)受到邻近区域地表温度(LST)的正影响。由此可见,局部地区耕地斑块面积、破碎程度、聚集程度、形状复杂程度的增加,会导致该地区及周边区域的地表温度(LST)升高。

表 4-5 2017 年闽南三市耕地景观格局指数与地表温度(LST)的空间自回归模型参数

参数		厦门		漳州		泉州	
		空间滞后模型(SLM)	空间误差模型(SEM)	空间滞后模型(SLM)	空间误差模型(SEM)	空间滞后模型(SLM)	空间误差模型(SEM)
β	PLAND	0.663**	2.430**	0.044*	0.022	0.039**	0.170**
	PD	0.641**	1.002**	0.027**	0.038**	0.021**	0.049**
	ED	—	—	0.056**	0.120**	—	—
	LPI	—	—	—	—	—	—
	AI	—	—	0.016**	0.020**	0.008*	0.016**
	Area_MN	—	—	0.187**	0.121*	—	—
	LSI	—	—	—	—	—	—
ρ		0.949**	—	0.867**	—	0.923**	—
λ		—	0.956**	—	0.910**	—	0.943**
constant		−0.343**	−1.144*	0.052**	0.514**	0.032**	0.552**
R^2		0.828	0.829	0.832	0.843	0.865	0.873
LIK		−8 190.2	−8 196.3	60 265.1	60 914.6	49 720.0	50 422.2
AIC		16 388.6	16 398.7	−120 514.0	−121 815.0	−99 428.1	−10 0834.0
SC		16 414.4	16 418.1	−120 446.0	−121 756.0	−99 377.8	−10 0792.0
Moran's I(error)		0.024	0.037	0.032	0.014	0.076	0.053

注:"—"为剔除的自变量;β 为自变量回归系数;PLAND 为景观类型比例;PD 为斑块密度;ED 为边缘密度;LPI 为最大斑块指数;AI 为聚集度指数;Area_MN 为平均斑块面积;LSI 为景观形状指数;ρ 为回归系数;λ 为空间残差项的回归系数;constant 为截距;R^2 为决定系数;LIK 即 Maximum Likelihood Logarithm,为最大似然对数;AIC 即 Akaike Information Criterion,为赤池信息量准则;SC 即 Schwartz Criterion,为施瓦兹指标;Moran's I(error)为回归模型误差项的莫兰指数(Moran's I);**、*、'分别表示显著性水平为 0.001、0.01、0.05、0.1。

4.2.2 绿地景观空间构型的影响

1) 相关性与双变量空间自相关分析

本节通过移动窗口分析,计算研究区域各窗口内的景观格局指数,通过地理信息系统软件 ArcGIS 10.2 提取各窗口内的地表温度(LST),运用统计产品与服务解决方案(SPSS)软件计算绿地景观格局指数与地表温度(LST)的皮尔逊(Pearson)相关系数,并利用空间统计分析软件 OpenGeoDa 计算两者的双变量空间自相关莫兰指数(Moran's I)(表 4-6 至表 4-8)。结果显示,三市绿地的聚集度指数(AI)、景观类型比例(PLAND)、最大斑块指数(LPI)、平均斑块面积(Area_MN)与地表温度(LST)呈显著的负相关性、空间负相关性,斑块密度(PD)与地表温度(LST)呈显著的正相关性、空间正相关性。这说明局部地区绿地斑块面积、连续集聚程度的增加,或破碎程度的减少,会导致该地区及周边区域地表温度(LST)的降低。这是由于绿地比例越大,斑块越连续集中,其累积形成的"冷岛效应"越强。

表 4-6 厦门绿地景观格局指数与地表温度(LST)的相关性、双变量空间自相关分析

景观格局指数	1996 年		2007 年		2017 年	
	相关系数	莫兰指数 (Moran's I)	相关系数	莫兰指数 (Moran's I)	相关系数	莫兰指数 (Moran's I)
景观类型比例(PLAND)	−0.420**	−0.402**	−0.548**	−0.669**	−0.527**	−0.509**
斑块密度(PD)	0.184**	−0.201**	0.239**	0.120**	0.069**	0.032**
边缘密度(ED)	0.166**	0.009	0.149**	0.108**	−0.077**	−0.063**
最大斑块指数(LPI)	−0.409**	−0.401**	−0.463**	−0.443**	−0.537**	−0.509**
聚集度指数(AI)	−0.260**	−0.272**	−0.414**	−0.579**	−0.479**	−0.447**
平均斑块面积(Area_MN)	−0.410**	−0.401**	−0.463**	−0.450**	−0.541**	−0.511**
景观形状指数(LSI)	−0.243**	−0.228**	−0.278**	−0.244**	−0.157**	−0.144**

注:**、* 分别表示显著性水平为 0.001、0.01。表 4-7、表 4-8 含义相同。

表 4-7 漳州绿地景观格局指数与地表温度(LST)的相关性、双变量空间自相关分析

景观格局指数	1996 年		2007 年		2017 年	
	相关系数	莫兰指数 (Moran's I)	相关系数	莫兰指数 (Moran's I)	相关系数	莫兰指数 (Moran's I)
景观类型比例(PLAND)	−0.600**	−0.593**	−0.701**	0.682**	−0.590**	−0.553**
斑块密度(PD)	0.090*	0.085**	0.178**	0.168**	0.420**	0.365**
边缘密度(ED)	0.278**	0.228**	0.197**	0.166**	0.484**	0.434**

续表 4-7

景观格局指数	1996 年		2007 年		2017 年	
	相关系数	莫兰指数(Moran's I)	相关系数	莫兰指数(Moran's I)	相关系数	莫兰指数(Moran's I)
最大斑块指数(LPI)	-0.600**	-0.596**	-0.702**	-0.673**	-0.597**	-0.560**
聚集度指数(AI)	-0.500**	0.451**	-0.557**	-0.491**	-0.530**	-0.490**
平均斑块面积(Area_MN)	-0.600**	-0.496**	-0.702**	0.663**	-0.589**	-0.550**
景观形状指数(LSI)	-0.213**	-0.179**	-0.234**	-0.228**	0.168**	0.199**

表 4-8 泉州绿地景观格局指数与地表温度(LST)的相关性、双变量空间自相关分析

景观格局指数	1996 年		2007 年		2017 年	
	相关系数	莫兰指数(Moran's I)	相关系数	莫兰指数(Moran's I)	相关系数	莫兰指数(Moran's I)
景观类型比例(PLAND)	-0.545**	0.521**	-0.698**	-0.601**	-0.563**	-0.534**
斑块密度(PD)	0.277**	0.294**	0.203**	0.235**	0.220**	0.180**
边缘密度(ED)	0.346**	0.057**	0.198**	0.087**	0.217**	0.095**
最大斑块指数(LPI)	-0.447**	0.420**	-0.696**	0.601**	-0.580**	-0.537**
聚集度指数(AI)	-0.456**	-0.425**	-0.590**	-0.464**	-0.499**	-0.470**
平均斑块面积(Area_MN)	-0.448**	0.419**	-0.695**	-0.600**	-0.583**	-0.542**
景观形状指数(LSI)	-0.321**	-0.334**	-0.273**	-0.265**	-0.121**	-0.149**

在厦门、泉州,景观形状指数(LSI)与地表温度(LST)呈显著的负相关性、空间负相关性,而在漳州,其与地表温度(LST)的空间相关性并不一致,在1996年与2007年呈负相关性,在2017年则呈正相关性。在漳州、泉州,边缘密度(ED)与地表温度(LST)呈显著的正相关性及空间正相关性,而在厦门,其正负相关性则并不一致。

比较各类景观格局指数可知,景观类型比例(PLAND)、平均斑块面积(Area_MN)、最大斑块指数(LPI)与地表温度(LST)的相关系数、双变量空间自相关莫兰指数(Moran's I)较高,即绿地景观斑块的比例丰度、连续程度、斑块面积大小对热环境的影响更为明显。

由绿地与地表温度(LST)的空间联系的局部指标(LISA)分布图可知(图4-11),在三市的西部、北部内陆的高海拔地区,由于自然保护区限制、地形复杂等原因,土地开发利用的难度较大,且环境适合植被生长,因而绿地比例高。同时,由于植被的蒸散及遮阴作用,该地区的地表温度(LST)较低,呈现高—低(HL)聚集,这反映出在有大面积集中绿地的区域,地表温度(LST)较低;而在沿海地区及内陆的主要城镇,由于交通便利、地势平坦,开发建设较多,造成绿地比例较低,同时地表温度(LST)较高,因而呈

现低—高(LH)聚集;高—高(HH)聚集主要出现在城镇地区内部及周边的细碎的绿地斑块,以及部分植被覆盖率较低的草地、疏林地;而低—低(LL)聚集则主要是水域斑块,或大片林区周围的小规模城镇、耕地斑块。

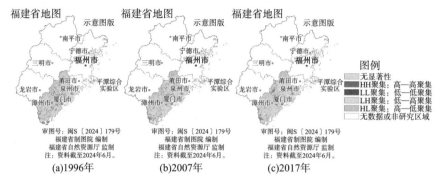

图 4-11　1996—2017 年闽南三市绿地景观与地表温度(LST)的局部双变量空间联系的局部指标(LISA)分布图

闽南三市绿地景观格局与地表温度(LST)的相关系数、双变量空间自相关莫兰指数(Moran's I)差异明显。厦门两者的相关性及双变量空间自相关性普遍弱于漳州、泉州。这可能与绿地景观优势度低、斑块较为破碎等因素有关,导致绿地对地表温度(LST)的影响有限。漳州两者的相关性及双变量空间自相关性最强。这是因为漳州绿地景观优势度高,绿地斑块规整集中,因而对地表温度(LST)的影响明显。泉州两者的相关性及双变量空间自相关性略弱于漳州。

2) 空间自回归分析

以绿地的各类景观格局指数为自变量,地表温度(LST)为因变量,分别进行逐步回归分析(表 4-9),各逐步回归模型均通过了共线性及显著性检验。在不同年份,进入逐步回归模型的景观格局指数差别不大,说明绿地景观格局对热环境的影响机制相对稳定;在各类景观的逐步回归模型中,景观类型比例(PLAND)始终作为自变量出现,最大斑块指数(LPI)、聚集度指数(AI)、景观形状指数(LSI)、平均斑块面积(Area_MN)出现的频率较高。这说明景观斑块的比例丰度、聚集度、形状对热环境的影响更显著。

表 4-9　闽南三市绿地景观格局指数与地表温度(LST)的普通线性回归分析

地区	年份	回归方程	决定系数 R^2	F 检验值
厦门	1996	LST = -1.908PLAND + 0.042LSI - 2.069LPI + 0.094ED + 0.658	0.201	299.035
	2007	LST = -0.652PLAND - 0.003AI + 0.028PD - 0.015LPI - 0.377Area_MN + 0.598	0.488	909.059
	2017	LST = -0.088PLAND + 0.063ED - 0.127Area_MN + 0.109LSI + 0.663	0.332	480.031

续表 4-9

地区	年份	回归方程	决定系数 R^2	F 检验值
漳州	1996	LST = −0.520PLAND + 0.408Area_MN + 0.195ED + 0.075AI − 0.169LSI + 0.048LPI + 0.554	0.213	1 623.832
	2007	LST = −0.303PLAND + 0.110ED + 0.143Area_MN + 0.531	0.491	7 717.408
	2017	LST = −0.179PLAND − 0.067Area_MN + 0.271LSI + 0.027ED − 0.043AI − 0.015LPI + 0.586	0.485	4 897.665
泉州	1996	LST = −0.178PLAND + 0.109ED + 0.097AI − 0.095LSI − 0.080PD + 0.584	0.312	2 921.533
	2007	LST = −0.347PLAND + 0.034AI − 0.032PD + 0.104ED + 0.129Area_MN + 0.689	0.438	5 014.771
	2017	LST = −0.269PLAND + 0.113ED − 0.619LPI − 0.081Area_MN + 0.155LSI + 0.616	0.332	3 228.668

注：LST 为地表温度；PLAND 为景观类型比例；LSI 为景观形状指数；LPI 为最大斑块指数；AI 为聚集度指数；PD 为斑块密度；Area_MN 为平均斑块面积；ED 为边缘密度。

以 2017 年为例，对三市绿地景观格局指数与地表温度(LST)进行空间滞后模型(SLM)、空间误差模型(SEM)分析(表 4-10)。结果显示，聚集度指数(AI)、景观类型比例(PLAND)、最大斑块指数(LPI)、平均斑块面积(Area_MN)的回归系数为负数，边缘密度(ED)、景观形状指数(LSI)的回归系数为正数，即绿地斑块比例越大、分布越集中、形状越规则，地表温度(LST)越低。在空间误差模型(SEM)中，空间残差项的回归系数 λ 为正且显著，说明模型误差的空间依赖较强；在空间滞后模型(SLM)中，地表温度(LST)的回归系数 ρ 始终为正值且显著，说明局部区域的地表温度(LST)受到邻近区域地表温度(LST)的正向影响。由此可见，局部地区绿地斑块面积、聚集程度的增加或形状复杂程度的减少，会导致该地区及周边区域的地表温度(LST)降低。

表 4-10 2017 年闽南三市绿地景观格局指数与地表温度(LST)的空间自回归模型参数

参数		厦门		漳州		泉州	
		空间滞后模型(SLM)	空间误差模型(SEM)	空间滞后模型(SLM)	空间误差模型(SEM)	空间滞后模型(SLM)	空间误差模型(SEM)
β	PLAND	−0.011'	−0.197**	−0.045**	−0.056*	−0.159**	—
	PD	—	—	—	—	—	—
	ED	0.016*	0.024*	0.014*	0.041**	0.029**	0.014*
	LPI	—	—	—	—	−0.409**	−0.029*
	AI	—	—	−0.013**	−0.007**	—	—
	Area_MN	−0.40**	—	−0.090**	−0.101**	−0.180**	−0.170**
	LSI	0.030*	0.036*	0.088**	0.160**	0.066**	0.134*

续表 4-10

参数	厦门		漳州		泉州	
	空间滞后模型(SLM)	空间误差模型(SEM)	空间滞后模型(SLM)	空间误差模型(SEM)	空间滞后模型(SLM)	空间误差模型(SEM)
ρ	0.917**	—	0.855**	—	0.910**	—
λ	—	0.953**	—	0.909**	—	0.941**
constant	0.055**	0.622**	0.090**	0.593**	0.049	0.788**
R^2	0.835	0.849	0.894	0.911	0.868	0.880
LIK	7 810	8 159	61 184	62 087	53 010	54 241
AIC	−15 603	−16 324	−122 335	−124 150	−106 010	−108 471
SC	−15 561	−16 296	−122 280	−124 101	−105 945	−108 421
Moran's I(error)	0.015	0.012	0.019	0.012	0.039	0.028

注:"—"为剔除的自变量;β 为自变量回归系数;PLAND 为景观类型比例;PD 为斑块密度;ED 为边缘密度;LPI 为最大斑块指数;AI 为聚集度指数;Area_MN 为平均斑块面积;LSI 为景观形状指数;ρ 为回归系数;λ 为空间残差项的回归系数;constant 为截距;R^2 为决定系数;LIK 为最大似然对数;AIC 为赤池信息量准则;SC 为施瓦兹指标;Moran's I(error) 为回归模型误差项的莫兰指数(Moran's I);** 、* 、· 、' 分别表示显著性水平为 0.001、0.01、0.05、0.1。

通过比较可知,厦门空间自回归模型的拟合度弱于漳州、泉州,且逐步回归剔除的景观格局指数较多,说明厦门绿地景观格局对地表温度(LST)变化的影响有限,在分析影响地表温度(LST)变化的因素时,应考虑更多其他景观类型的影响;漳州空间自回归模型的拟合度较高,逐步回归剔除的自变量较少,说明漳州绿地景观格局对地表温度(LST)变化的影响显著,泉州略弱于漳州。

个别景观格局指数与地表温度(LST)的关系存在地域差异,如景观形状指数(LSI)、边缘密度(ED)与地表温度(LST)的关系在不同地区就不一致。相关研究表明,绿地主要通过植被的遮阴与蒸散作用发挥降温效果(沈中健等,2020b)。绿地的边缘密度(ED)、景观形状指数(LSI)的增加,一方面意味着斑块趋于破碎化,限制了其降温作用,使地表温度(LST)升高;另一方面随着边缘密度(ED)、景观形状指数(LSI)的增加,植被对周边产生的阴影也可能随之增大(Zhou et al.,2018;沈中健等,2020b),进而降低地表温度(LST)。此外,景观形状指数(LSI)的大小受斑块面积与周长的共同影响,其数值越大,斑块面积越大,也会降低地表温度(LST)。在空间自回归分析中,三市的景观形状指数(LSI)、边缘密度(ED)与地表温度(LST)均呈显著的正相关性,表明景观形状指数(LSI)、边缘密度(ED)与地表温度(LST)的关系,受绿地整体的景观格局与其他景观格局指数的影响。因此,在分析两者对地表温度(LST)的影响时,应综合考虑绿地的景观优势度、聚集度等多方面因素。

绿地景观格局指数对地表温度(LST)的影响作用有明显的地域差异。

厦门的绿地景观格局指数与地表温度(LST)的相关性、双变量空间自相关性以及回归模型的决定系数R^2明显小于漳州、泉州。这反映出绿地景观对地表温度(LST)的影响作用,受其景观优势度、形状的复杂程度、斑块的破碎程度及聚集程度的影响。厦门绿地景观优势度低,斑块破碎,形状复杂,对地表温度(LST)的影响有限。漳州、泉州山地较多,适合林木生长,其中漳州两者的相关性、双变量空间自相关性最强,回归模型的拟合度最高,泉州略弱于漳州。这是因为漳州、泉州的绿地景观优势度高,斑块规整集中,所以对地表温度(LST)的影响显著。

4.2.3 水域景观空间构型的影响

1) 相关性与双变量空间自相关分析

本节通过移动窗口分析,计算研究区域各窗口内的景观格局指数,通过地理信息系统软件 ArcGIS 10.2 提取各窗口内的地表温度(LST),运用统计产品与服务解决方案(SPSS)、空间统计分析软件 OpenGeoDa 分别进行相关性及双变量空间自相关分析(表 4-11 至表 4-13)。结果显示,三市水域景观格局指数与地表温度(LST)的相关系数、双变量空间自相关莫兰指数(Moran's I)的绝对值普遍较小,个别景观格局指数与地表温度(LST)的相关性并未通过显著性检验,即水域景观格局对热环境的影响作用有限。这是由于水域景观比例较小,景观优势度低,分布相对破碎造成的。在不同年份、不同地区,景观形状指数(LSI)、斑块密度(PD)、边缘密度(ED)与地表温度(LST)的相关关系存在不一致性。这与景观格局信息的特殊性以及水域的总体景观格局特征有关。由于水域分布范围有限,地表温度(LST)更易受其他景观的影响。

表 4-11　厦门水域景观格局指数与地表温度(LST)的相关性、双变量空间自相关分析

景观格局指数	1996 年		2007 年		2017 年	
	相关系数	莫兰指数(Moran's I)	相关系数	莫兰指数(Moran's I)	相关系数	莫兰指数(Moran's I)
景观类型比例(PLAND)	−0.190**	−0.135**	−0.104**	−0.052**	−0.049**	−0.013**
斑块密度(PD)	−0.091**	−0.096**	0.081	0.076**	0.128**	0.114**
边缘密度(ED)	−0.104**	−0.078**	−0.049*	−0.020	−0.029	−0.013
最大斑块指数(LPI)	−0.177**	−0.135**	−0.112**	−0.053**	−0.095**	−0.017**
聚集度指数(AI)	−0.102**	−0.098**	−0.062**	−0.018	−0.062**	−0.016
平均斑块面积(Area_MN)	−0.170**	−0.134**	−0.091**	−0.053**	−0.060**	−0.037
景观形状指数(LSI)	−0.093**	−0.092**	0.034	0.019*	0.085*	0.115**

注:"**"、"*"分别表示显著性水平为 0.001、0.01。表 4-12、表 4-13 含义相同。

表 4-12　漳州水域景观格局指数与地表温度(LST)的相关性、双变量空间自相关分析

景观格局指数	1996 年		2007 年		2017 年	
	相关系数	莫兰指数(Moran's I)	相关系数	莫兰指数(Moran's I)	相关系数	莫兰指数(Moran's I)
景观类型比例(PLAND)	−0.033**	−0.017**	−0.015**	−0.011*	−0.094**	0.099**
斑块密度(PD)	0.015**	0.018**	0.156**	0.139**	0.289**	0.205**
边缘密度(ED)	0.178**	0.013**	0.103**	0.083**	0.173**	0.176**
最大斑块指数(LPI)	−0.033**	−0.017**	−0.032*	−0.010*	0.076*	0.086**
聚集度指数(AI)	−0.010	0.015**	−0.078**	−0.085**	−0.139**	−0.104**
平均斑块面积(Area_MN)	−0.033**	−0.018**	−0.032*	−0.010*	−0.073*	−0.083**
景观形状指数(LSI)	0.013**	0.019**	−0.151**	−0.137**	0.089**	0.072**

表 4-13　泉州水域景观格局指数与地表温度(LST)的相关性、双变量空间自相关分析

景观格局指数	1996 年		2007 年		2017 年	
	相关系数	莫兰指数(Moran's I)	相关系数	莫兰指数(Moran's I)	相关系数	莫兰指数(Moran's I)
景观类型比例(PLAND)	−0.052**	−0.058**	−0.032**	−0.026**	−0.054**	−0.067**
斑块密度(PD)	0.096**	0.095**	0.119**	0.106**	0.191**	0.179**
边缘密度(ED)	0.075*	0.079**	0.073**	0.066**	0.113**	0.121**
最大斑块指数(LPI)	−0.059*	−0.058	−0.004	−0.025**	−0.045**	−0.040**
聚集度指数(AI)	−0.094*	−0.093**	−0.088**	−0.078**	−0.097**	−0.101**
平均斑块面积(Area_MN)	−0.061**	−0.057**	−0.003	−0.025**	−0.043**	−0.058**
景观形状指数(LSI)	0.095**	0.094**	0.116**	0.105**	0.189**	0.181**

　　景观类型比例(PLAND)、平均斑块面积(Area_MN)与地表温度(LST)呈显著的负相关性及空间负相关性,其相关系数与双变量空间自相关莫兰指数(Moran's I)的绝对值较大,即水域景观斑块的比例丰度、斑块面积的大小对城市热环境的影响更为明显,水域比例越高、斑块面积越大,越有利于降温。

　　运用空间统计分析软件 OpenGeoDa 对三市水域景观与地表温度(LST)进行局部双变量空间自相关分析(图 4-12)。结果显示,高—高(HH)聚集主要是东部沿海城区内部的河流、水库等,如九龙江、晋江,由于紧邻城市建成区,受城区热岛效应的影响,自身温度较高,因此呈现高—高(HH)聚集;而西部内陆的大部分林区水域较少,但地表温度(LST)较

低,呈现出大片连续的低—低(LL)聚集,而这与水域景观对环境的降温作用相反。上述现象出现的主要原因是水域景观格局指数与地表温度(LST)的相关系数、双变量空间自相关莫兰指数(Moran's I)不稳定,甚至未通过显著性检验。由此可见,水域景观格局对城市热环境影响的不稳定性,主要与其本身的景观优势度及其空间分布有关。然而,值得注意的是,在大片连续集中的建设用地内部,一些小规模的水域斑块由于水体的高热惯性,地表温度(LST)也较低,局部区域呈现出高—低(HL)聚集,这说明水域具有明显的降温作用。

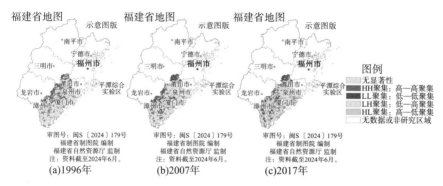

图 4 - 12　1996—2017 年闽南三市水域景观与地表温度(LST)的局部双变量空间联系的局部指标(LISA)分布图

2) 空间自回归分析

以水域的各类景观格局指数为自变量,地表温度(LST)为因变量,分别进行逐步回归分析(表 4 - 14)。尽管各逐步回归模型均通过了共线性及显著性检验,但回归模型的决定系数 R^2 普遍较小,说明水域景观格局对热环境的影响作用极为有限。

以 2017 年水域景观格局指数为自变量、地表温度(LST)为因变量进行空间滞后模型(SLM)与空间误差模型(SEM)分析(表 4 - 15),再结合普通线性回归分析的结果可以看出,水域景观的景观类型比例(PLAND)、斑块密度(PD)在逐步回归模型中出现的频率较高,说明水域的比例、破碎或聚集程度对热环境的影响更明显。景观类型比例(PLAND)的回归系数始终为负数,斑块密度(PD)的回归系数为正数。此外,在作为回归模型的自变量时,水域景观的最大斑块指数(LPI)、聚集度指数(AI)的回归系数也普遍为负数。这说明水域斑块越连续集中,其降温效果越明显。在空间误差模型(SEM)中,空间残差项的回归系数 λ 为正且显著;在空间滞后模型(SLM)中,地表温度(LST)的回归系数 ρ 始终为正值且显著,说明局部区域水域比例越高、斑块面积越大,则该地区及周边区域的地表温度(LST)越低。

4　景观格局重构的原理　|　071

表 4-14 闽南三市水域景观格局指数与地表温度(LST)的普通线性回归分析

地区	年份	回归方程	决定系数 R^2	F 检验值
厦门	1996	$LST = -0.224PLAND - 0.045AI + 0.627$	0.026	62.394
	2007	$LST = -0.277PLAND + 0.352AI + 0.220LSI - 0.094ED + 0.505$	0.021	82.013
	2017	$LST = -0.385PLAND + 1.02PD + 0.503AI + 0.243ED + 1.448$	0.049	46.610
漳州	1996	$LST = -0.141Area\_MN + 0.327LSI - 0.241ED - 0.065AI + 0.515$	0.008	71.394
	2007	$LST = -0.210PLAND + 0.099PD + 0.121LSI - 0.054ED + 0.453$	0.042	393.697
	2017	$LST = -0.339PLAND + 0.306Area\_MN + 0.066LSI + 0.279LPI + 0.150PD - 0.046ED + 0.545$	0.236	1 856.314
泉州	1996	$LST = 0.116PD - 0.216ED + 0.228LSI - 0.076Area\_MN + 0.504$	0.012	99.273
	2007	$LST = -0.232PLAND + 0.125PD + 0.081LSI - 0.111ED + 0.059AI + 0.603$	0.022	145.135
	2017	$LST = -0.188PLAND + 0.131PD + 0.071LSI + 0.023AI + 0.594$	0.041	340.367

注:LST 为地表温度;PLAND 为景观类型比例;AI 为聚集度指数;LSI 为景观形状指数;ED 为边缘密度;PD 为斑块密度;Area_MN 为平均斑块面积;LPI 为最大斑块指数。

表 4-15 2017 年闽南三市水域景观格局指数与地表温度(LST)的空间自回归模型参数

参数		厦门		漳州		泉州	
		空间滞后模型(SLM)	空间误差模型(SEM)	空间滞后模型(SLM)	空间误差模型(SEM)	空间滞后模型(SLM)	空间误差模型(SEM)
β	PLAND	−2.337**	−5.937**	−0.217*	−0.161·	−0.066**	−0.154**
	PD	1.059*	1.356*	0.022'	0.045*	0.033**	0.057**
	ED	—	—	−0.046**	−0.028*	—	—
	LPI	—	—	−0.429·	−0.467·	—	—
	AI	−0.176	−0.418*	—	—	−0.005·	−0.014*
	Area_MN	—	—	—	—	—	—
	LSI	0.082	0.159	0.023**	0.015*	—	—
ρ		0.956**	—	0.929**	—	0.944**	—
λ		—	0.961**	—	0.941**	—	0.954**
constant		−0.035'	−0.740·	0.038**	0.564**	0.032**	0.583**

续表 4-15

参数	厦门		漳州		泉州	
	空间滞后模型(SLM)	空间误差模型(SEM)	空间滞后模型(SLM)	空间误差模型(SEM)	空间滞后模型(SLM)	空间误差模型(SEM)
R^2	0.899	0.901	0.825	0.829	0.863	0.868
LIK	−8 200.1	−8 169.9	58 777.4	58 972.5	49 149.2	49 597.4
AIC	16 412.1	16 349.8	−117 539.0	−117 931.0	−98 286.4	−99 184.7
SC	16 450.9	16 382.2	−117 471.0	−117 872.0	−98 236.1	−99 142.8
Moran's I(error)	0.018	0.036	0.014	0.013	0.021	0.017

注:"—"为剔除的自变量;β 为自变量回归系数;PLAND 为景观类型比例;PD 为斑块密度;ED 为边缘密度;LPI 为最大斑块指数;AI 为聚集度指数;Area_MN 为平均斑块面积;LSI 为景观形状指数;ρ 为回归系数;λ 为空间残差项的回归系数;constant 为截距;R^2 为决定系数;LIK 为最大似然对数;AIC 为赤池信息量准则;SC 为施瓦兹指标;Moran's I(error) 为回归模型误差项的莫兰指数(Moran's I); ** 、* 、'分别表示显著性水平为 0.001、0.01、0.05、0.1。

4.2.4 建设用地景观空间构型的影响

1) 相关性与双变量空间自相关分析

本节通过移动窗口分析,计算研究区域各窗口内的景观格局指数,通过地理信息系统软件 ArcGIS 10.2 提取各窗口内的地表温度(LST),运用统计产品与服务解决方案(SPSS)软件计算建设用地的景观格局指数与地表温度(LST)的皮尔逊(Pearson)相关系数,并利用空间统计分析软件 OpenGeoDa 计算两者的双变量空间自相关莫兰指数(Moran's I)(表 4-16 至表 4-18)。结果显示,三市建设用地的各类景观格局指数与地表温度(LST)均呈现显著的正相关性及空间正相关性,即局部地区建设用地斑块的面积、数量、聚集程度、形状复杂程度的增加,会导致该地区及周边区域的地表升温。建设用地的斑块越密集,斑块越连续,其累积形成的热效应越强(Yang et al., 2019b),进而导致局部及周边地区升温。值得注意的是,建设用地的斑块密度(PD)、边缘密度(ED)与地表温度(LST)呈显著的正相关性,即破碎分散的建设用地也具有明显的升温作用。这与耕地的分析结果比较相似,意味着单纯分割、肢解建设用地斑块,未必能有效缓解其热岛效应。

1996—2017 年,三市的建设用地景观格局指数与地表温度(LST)的相关系数、双变量空间自相关莫兰指数(Moran's I)均逐渐增加,建设用地景观对地表温度(LST)的正向影响作用逐渐加强。这是因为三市城镇扩张,导致建设用地逐渐扩张,其景观优势度增加,景观斑块逐渐连续集中,所以建设用地对城市热环境的影响逐渐增强。

表 4-16　厦门建设用地景观格局指数与地表温度(LST)的相关性、双变量空间自相关分析

景观格局指数	1996 年		2007 年		2017 年	
	相关系数	莫兰指数(Moran's I)	相关系数	莫兰指数(Moran's I)	相关系数	莫兰指数(Moran's I)
景观类型比例(PLAND)	0.033*	0.009*	0.471**	0.443**	0.655**	0.560**
斑块密度(PD)	0.147**	0.112**	0.308**	0.256**	0.600**	0.562**
边缘密度(ED)	0.129**	0.008	0.398**	0.397**	0.546**	0.478**
最大斑块指数(LPI)	0.030*	0.007	0.359**	0.423**	0.641**	0.548**
聚集度指数(AI)	0.139**	0.104**	0.414**	0.437**	0.697**	0.620**
平均斑块面积(Area_MN)	0.030*	0.007	0.361**	0.415**	0.628**	0.543**
景观形状指数(LSI)	0.147**	0.112**	0.389**	0.394**	0.652**	0.600**

注：**、* 分别表示显著性水平为 0.001、0.01。表 4-17、表 4-18 含义相同。

表 4-17　漳州建设用地景观格局指数与地表温度(LST)的相关性、双变量空间自相关分析

景观格局指数	1996 年		2007 年		2017 年	
	相关系数	莫兰指数(Moran's I)	相关系数	莫兰指数(Moran's I)	相关系数	莫兰指数(Moran's I)
景观类型比例(PLAND)	0.113**	0.104**	0.380**	0.337**	0.497**	0.444**
斑块密度(PD)	0.138**	0.132**	0.406**	0.389**	0.509**	0.477**
边缘密度(ED)	0.126**	0.117**	0.376**	0.340**	0.550**	0.493**
最大斑块指数(LPI)	0.112**	0.103**	0.377**	0.333**	0.459**	0.405**
聚集度指数(AI)	0.146**	0.137**	0.424**	0.387**	0.506**	0.454**
平均斑块面积(Area_MN)	0.112**	0.103**	0.375**	0.331**	0.444**	0.390
景观形状指数(LSI)	0.147**	0.139**	0.428**	0.403**	0.554**	0.504**

表 4-18　泉州建设用地景观格局指数与地表温度(LST)的相关性、双变量空间自相关分析

景观格局指数	1996 年		2007 年		2017 年	
	相关系数	莫兰指数(Moran's I)	相关系数	莫兰指数(Moran's I)	相关系数	莫兰指数(Moran's I)
景观类型比例(PLAND)	0.274**	0.271**	0.538**	0.496**	0.561**	0.525**
斑块密度(PD)	0.398**	0.386**	0.538**	0.529**	0.378**	0.353**
边缘密度(ED)	0.368**	0.359**	0.509**	0.481**	0.532**	0.491**
最大斑块指数(LPI)	0.263**	0.260**	0.530**	0.485**	0.537**	0.501**
聚集度指数(AI)	0.398**	0.388**	0.593**	0.559**	0.523**	0.485**
平均斑块面积(Area_MN)	0.259**	0.256**	0.526**	0.481**	0.526**	0.490**
景观形状指数(LSI)	0.407**	0.396**	0.584**	0.561**	0.461**	0.422**

由建设用地景观与地表温度(LST)的空间联系的局部指标(LISA)分布图(图4-13)可知,三市的高—高(HH)聚集多出现在沿海地区与九龙江近入海口两侧的城区,其次为重要乡镇地区。这些地区区位优势明显,城市发展迅速,人口密集,建设集中,导致地表温度(LST)较高。随着时间的推移,高—高(HH)聚集模式逐渐连续集中,有明显的一体化趋势。低—低(LL)聚集主要分布在内陆的林区;而低—高(LH)聚集则主要是建设用地周边的耕地及海岸沙滩地带,这些地区尽管不透水地表较少,但由于地表裸露,蒸散能力较弱,因而地表温度(LST)也较高,高—低(HL)聚集分布极少,仅零星地出现在大片林区或水域周边。

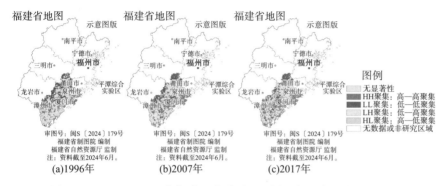

图4-13　1996—2017年闽南三市建设用地景观与地表温度(LST)的局部双变量空间联系的局部指标(LISA)分布图

2) 空间自回归分析

以建设用地的各类景观格局指数为自变量,地表温度(LST)为因变量,分别进行逐步回归分析,剔除显著性弱的自变量(表4-19),各逐步回归模型均通过了共线性及显著性检验。从时间序列上可以看出,建设用地的景观格局指数与地表温度(LST)的回归方程的决定系数R^2逐渐增大,说明建设用地的景观格局变化对热环境的影响作用逐渐加强。这是由于研究初期建设用地较少,空间分布零散破碎,建设用地对热环境的影响较小,地表温度(LST)更易受其他因素的干预,因此,回归方程的决定系数R^2较小;研究后期,随着建设用地的扩张并逐渐蔓延,建设用地对地表温度(LST)的正向影响加强,回归方程的决定系数R^2逐渐增大。

以2017年为例,运用空间统计分析软件OpenGeoDa对厦门、漳州、泉州的建设用地景观格局指数与地表温度(LST)进行空间自回归模型分析(表4-20)。分析显示,建设用地景观格局指数的回归系数普遍为正数,景观类型比例(PLAND)的回归系数普遍较大,这表明建设用地的景观类型比例(PLAND)对地表温度(LST)的影响最为明显。在空间误差模型(SEM)中,空间残差项的回归系数λ为正且显著;在空间滞后模型(SLM)中,地表温度(LST)的回归系数ρ始终为正值且显著,说明局部区域的地表温度(LST)受到邻近区域地表温度(LST)的正影响。由此可见,局部地区建设用地斑块的面积、破碎程度、聚集程度、形状复杂程度的增加,会导

表 4-19 闽南三市建设用地景观格局指数与地表温度(LST)的普通线性回归分析

地区	年份	回归方程	决定系数 R^2	F 检验值
厦门	1996	LST = 0.123PLAND + 0.069ED + 0.207AI + 0.611	0.039	58.918
厦门	2007	LST = 0.479PLAND + 0.068AI + 0.259PD + 0.411	0.372	1 276.383
厦门	2017	LST = 1.91PLAND + 0.827AI + 0.028ED + 0.356PD + 0.07LSI − 1.515	0.426	440.274
漳州	1996	LST = 0.164PLAND + 0.088ED + 0.510	0.023	417.710
漳州	2007	LST = 0.619PLAND + 0.046LSI + 0.761Area_MN + 0.021AI + 0.165PD + 0.138	0.203	1 832.327
漳州	2017	LST = 0.096PLAND + 0.080LSI + 0.080ED + 0.043AI + 0.131PD + 0.675Area_MN + 0.517	0.363	2 941.084
泉州	1996	LST = 0.280LSI − 0.076Area_MN − 0.118ED + 0.107PD + 0.485	0.168	1 625.772
泉州	2007	LST = 0.275PLAND + 0.053AI + 0.090LSI + 0.392Area_MN + 0.150PD − 0.022ED + 0.565	0.336	3 105.240
泉州	2017	LST = 0.146PLAND + 0.117PD + 0.062ED + 0.098Area_MN + 0.010AI + 0.549	0.386	3 267.275

注:LST 为地表温度;PLAND 为景观类型比例;ED 为边缘密度;AI 为聚集度指数;PD 为斑块密度;LSI 为景观形状指数;Area_MN 为平均斑块面积。

致该地区及周边区域的地表温度(LST)升高。

比较来看,建设用地对热环境的影响作用具有明显的地域差异(表 4-19、表 4-20)。1996 年,建设用地景观格局指数与地表温度(LST)的回归方程的决定系数 R^2 呈现"泉州>厦门>漳州"的态势,2007 年与 2017 年则呈现"厦门>泉州>漳州"的态势,即厦门回归模型的拟合度高于漳州、泉州,且逐步回归剔除的景观格局指数较少。这与三市的建设用地空间分布格局有关。1996 年三市的建设用地比例均比较有限,根据对土地利用比例的统计,厦门、漳州、泉州的建设用地比例分别为 8.32%、2.58%、4.95%,因而热环境的空间分布受建设用地的影响较小。特别是厦门,城区主要集中在本岛,但热岛效应不突出,而热岛区主要在岛外的耕地,因而建设用地景观格局与地表温度(LST)的空间关联性较弱。随着城镇的扩张,建设用地景观对城市热环境空间分布的影响加强。至 2007 年、2017 年,厦门城区扩张更明显,建设用地扩张迅速,且空间分布连续集中,因而其回归方程的决定系数 R^2 升幅最大。泉州、漳州的升幅相似,但泉州的建设用地扩张更快,城镇化水平及建设用地的分布范围大于漳州,建设用地景观格局对地表温度(LST)的影响略强于漳州,因而回归方程的决定系数 R^2 略高于漳州。

表4-20 2017年闽南三市建设用地景观格局指数与地表温度(LST)的空间自回归模型参数

参数		厦门		漳州		泉州	
		空间滞后模型(SLM)	空间误差模型(SEM)	空间滞后模型(SLM)	空间误差模型(SEM)	空间滞后模型(SLM)	空间误差模型(SEM)
β	PLAND	0.429*	2.878**	0.289**	0.139**	0.163**	0.054*
	PD	—	—	0.024**	0.034**	0.022**	0.046**
	ED	0.092	0.548*	0.081**	0.108**	0.049**	0.094**
	LPI	—	—	—	—	—	—
	AI	0.290*	0.312*	0.009**	—	0.005*	0.013**
	Area_MN	—	—	—	—	0.173**	—
	LSI	0.362*	0.370*	—	—	—	—
ρ		0.932**	—	0.886**	—	0.912**	—
λ		—	0.950**	—	0.924**	—	0.937**
constant		−0.326**	−1.061*	0.055**	0.547**	0.043**	0.561**
R^2		0.900	0.904	0.830	0.840	0.866	0.875
LIK		−8 122.8	−8 071.1	59 876.7	60 473.0	49 881.3	50 723.5
AIC		16 259.8	16 154.1	−119 737.0	−120 932.0	−99 748.7	−101 435.0
SC		16 305.1	16 193.0	−119 669.0	−120 873.0	−99 690.0	−101 385.0
Moran's I(error)		0.012	0.009	0.011	0.008	0.014	0.008

注:"—"为剔除的自变量;β 为自变量回归系数;PLAND 为景观类型比例;PD 为斑块密度;ED 为边缘密度;LPI 为最大斑块指数;AI 为聚集度指数;Area_MN 为平均斑块面积;LSI 为景观形状指数;ρ 为回归系数;λ 为空间残差项的回归系数;constant 为截距;R^2 为决定系数;LIK 为最大似然对数;AIC 为赤池信息量准则;SC 为施瓦兹指标;Moran's I(error) 为回归模型误差项的莫兰指数(Moran's I);**、*、'分别表示显著性水平为 0.001、0.01、0.05、0.1。

4.2.5 景观总体构型的影响

1) 相关性与双变量全局空间自相关分析

本节通过移动窗口分析,计算研究区域各窗口内的景观格局指数,通过地理信息系统软件 ArcGIS 10.2 提取各窗口内的地表温度(LST),运用统计产品与服务解决方案(SPSS)、空间统计分析软件 OpenGeoDa 对景观总体构型方面的景观格局指数与地表温度(LST)进行相关性、双变量全局空间自相关分析(表 4-21 至表 4-23)。分析显示,景观分割指数(DIVISION)、景观形状指数(LSI)、斑块密度(PD)、边缘密度(ED)、香浓均匀度指数(SHEI)与地表温度(LST)呈正相关性及空间正相关性,这说明局部地区的景观结构越复杂,景观斑块越破碎,各类景观斑块的比例越均匀,则该地区及周边区域的地表温度(LST)可能越高;聚集度指数(AI)、最大斑块指数(LPI)与地表温度(LST)的相关性并不稳定,个别结果未通过显著性检验。

表4-21 厦门景观格局指数与地表温度(LST)的相关性、双变量空间自相关分析

景观格局指数	1996年		2007年		2017年	
	相关系数	莫兰指数(Moran's I)	相关系数	莫兰指数(Moran's I)	相关系数	莫兰指数(Moran's I)
聚集度指数(AI)	0.181**	0.119**	−0.060	−0.021	−0.219**	−0.200**
景观分割指数(DIVISION)	0.183**	0.035*	0.260**	0.241**	0.309**	0.275**
边缘密度(ED)	0.080**	0.035*	0.221**	0.248**	0.310**	0.268**
最大斑块指数(LPI)	0.149**	0.114**	0.069	−0.105**	−0.251**	−0.226**
景观形状指数(LSI)	0.162**	0.092**	0.179	0.104**	0.208**	0.143**
斑块密度(PD)	0.092**	0.034*	0.201**	0.183**	0.257**	0.224**
香浓均匀度指数(SHEI)	0.196**	0.048**	0.271**	0.243**	0.329**	0.286**

注：**、*分别表示显著性水平为0.001、0.01。表4-22、表4-23含义相同。

表4-22 漳州景观格局指数与地表温度(LST)的相关性、双变量空间自相关分析

景观格局指数	1996年		2007年		2017年	
	相关系数	莫兰指数(Moran's I)	相关系数	莫兰指数(Moran's I)	相关系数	莫兰指数(Moran's I)
聚集度指数(AI)	0.041**	0.019**	−0.022**	−0.062**	−0.429**	−0.373**
景观分割指数(DIVISION)	0.278**	0.243**	0.401**	0.347**	0.635**	0.537**
边缘密度(ED)	0.274**	0.245**	0.402**	0.348**	0.625**	0.524**
最大斑块指数(LPI)	−0.069**	−0.075**	−0.189**	−0.199**	−0.483**	−0.423**
景观形状指数(LSI)	0.178**	0.145**	0.211**	0.147**	0.467**	0.384**
斑块密度(PD)	0.233**	0.201**	0.338**	0.276**	0.583**	0.492**
香浓均匀度指数(SHEI)	0.277**	0.247**	0.401**	0.347**	0.612**	0.510**

表4-23 泉州景观格局指数与地表温度(LST)的相关性、双变量空间自相关分析

景观格局指数	1996年		2007年		2017年	
	相关系数	莫兰指数(Moran's I)	相关系数	莫兰指数(Moran's I)	相关系数	莫兰指数(Moran's I)
聚集度指数(AI)	−0.010	−0.016*	0.051**	0.012*	−0.265**	−0.228**
景观分割指数(DIVISION)	0.302**	0.263**	0.472**	0.416**	0.436**	0.365**
边缘密度(ED)	0.302**	0.264**	0.476**	0.421**	0.422**	0.347**
最大斑块指数(LPI)	−0.129**	−0.117**	−0.145**	−0.155**	−0.315**	−0.277**
景观形状指数(LSI)	0.152**	0.126**	0.303**	0.239**	0.317**	0.252**
斑块密度(PD)	0.252**	0.218**	0.416**	0.352**	0.404**	0.335**
香浓均匀度指数(SHEI)	0.303**	0.263**	0.475**	0.418**	0.419**	0.348**

1996—2017 年,厦门的最大斑块指数(LPI)与地表温度(LST)的相关性并不一致,而在漳州、泉州则呈显著的负相关性、空间负相关性。这可能与三市优势景观的差异有关,漳州、泉州两地的绿地景观优势度大,绿地斑块为最大斑块的空间单元较多,这些空间单元往往地表温度(LST)较低,因而最大斑块指数(LPI)与地表温度(LST)呈负向的空间关联。而在厦门,绿地、耕地及建设用地的景观优势度并不明确,最大斑块指数(LPI)与地表温度(LST)的空间关系并不一致。1996—2017 年,厦门、漳州、泉州的聚集度指数(AI)与地表温度(LST)的关系也呈不稳定性。

比较三市后发现,1996 年、2007 年三市景观格局指数与地表温度(LST)的相关系数、双变量空间自相关莫兰指数(Moran's I)普遍呈现"泉州＞漳州＞厦门",2017 年则呈现"漳州＞泉州＞厦门"。厦门景观格局对热环境的影响普遍较弱。此外,随着时间的推移,三市景观格局指数与地表温度(LST)的相关系数、双变量空间自相关莫兰指数(Moran's I)总体上均呈现逐渐增大的趋势,这表明景观格局对城市热环境的影响逐渐加强。

2) 双变量局部空间自相关分析

本节运用空间统计分析软件 OpenGeoDa,以景观格局指数为自变量、地表温度(LST)为因变量,进行双变量局部空间自相关分析(图 4-14 至图 4-20)。

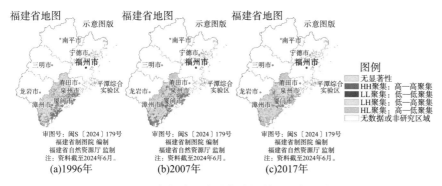

图 4-14　1996—2017 年闽南三市聚集度指数(AI)与地表温度(LST)的局部双变量空间联系的局部指标(LISA)分布图

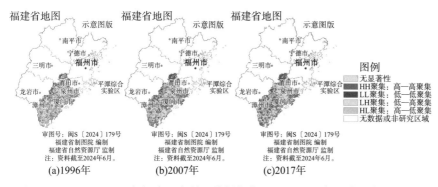

图 4-15　1996—2017 年闽南三市景观分割指数(DIVISION)与地表温度(LST)的局部双变量空间联系的局部指标(LISA)分布图

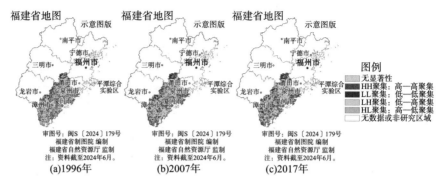

图 4-16　1996—2017 年闽南三市边缘密度(ED)与地表温度(LST)的
局部双变量空间联系的局部指标(LISA)分布图

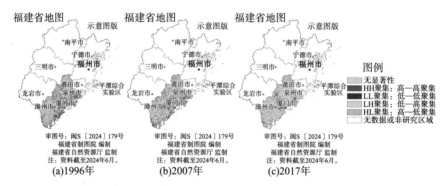

图 4-17　1996—2017 年闽南三市最大斑块指数(LPI)与地表温度(LST)的
局部双变量空间联系的局部指标(LISA)分布图

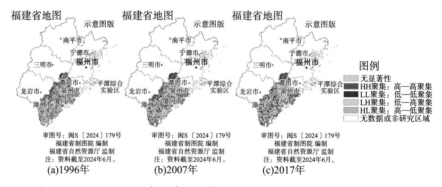

图 4-18　1996—2017 年闽南三市景观形状指数(LSI)与地表温度(LST)的
局部双变量空间联系的局部指标(LISA)分布图

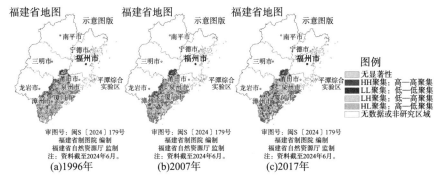

图 4-19 1996—2017 年闽南三市斑块密度（PD）与地表温度（LST）的
局部双变量空间联系的局部指标（LISA）分布图

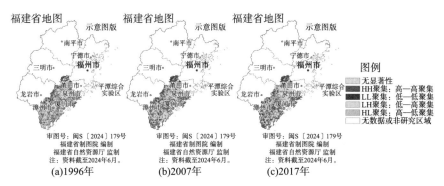

图 4-20 1996—2017 年闽南三市香浓均匀度指数（SHEI）与地表温度（LST）的
局部双变量空间联系的局部指标（LISA）分布图

从图 4-14、图 4-17 中可以看出，聚集度指数（AI）、最大斑块指数（LPI）与地表温度（LST）的双变量空间聚类模式比较相似。高—高（HH）聚集主要是以耕地及建设用地为主的地区，景观斑块相对集中，地表温度（LST）也较高；高—低（HL）聚集多为西部内陆的绿地，绿地斑块连续集中，地表温度（LST）较低；低—低（LL）聚集主要分布在绿地边缘景观类型较多的地区，受邻近绿地"冷岛效应"的影响，地表温度（LST）也较低，但低—低（LL）聚集相对较少；低—高（LH）聚集主要是城区周边、建设用地与耕地的交错地带，尽管耕地、建设用地的聚集度低，但地表温度（LST）较高。随着时间的推移，在城镇边缘地区，低—高（LH）聚集大量出现，说明城镇地区的热岛效应日益凸显，对邻近地区的升温作用加强。由于高—高（HH）聚集与高—低（HL）聚集的比例相当，因此导致了聚集度指数（AI）、最大斑块指数（LPI）与地表温度（LST）的相关关系并不明确。

景观分割指数（DIVISION）、边缘密度（ED）、景观形状指数（LSI）、斑块密度（PD）、香浓均匀度指数（SHEI）五类景观格局指数与地表温度（LST）的双变量空间聚类模式比较相似。高—高（HH）聚集主要是建设用地与耕地交错的地带，这些地区景观空间结构混乱，斑块形状复杂，各类景

4 景观格局重构的原理 | 081

观分布均匀,但由于建设用地与耕地较强的热效应,地表温度(LST)较高;低—低(LL)聚集多为绿地、水域集中的地区,这些区域景观类型单一,空间结构简单,在绿地、水域等景观的降温作用下,地表温度(LST)较低;高—低(HL)聚集多出现在大片绿地或水域边缘地区,这些地区的景观结构也比较复杂,景观斑块破碎,但受邻近绿地、水域景观的降温作用影响,地表温度(LST)较低;低—高(LH)聚集则主要是连续集中的建设用地或耕地,这些地区的景观类型及空间结构单一,景观斑块形状规整,但由于连续的耕地、建设用地累积产生较强的热效应,其地表温度(LST)较高。景观分割指数(DIVISION)、边缘密度(ED)、景观形状指数(LSI)、斑块密度(PD)、香浓均匀度指数(SHEI)与地表温度(LST)的双变量空间聚类模式以高—高(HH)、低—低(LL)聚集为主。因此,上述五类景观格局指数与地表温度(LST)呈正相关性及空间正相关性。

综合景观格局指数与地表温度(LST)的双变量空间联系的局部指标(LISA)分布图可以看出,景观总体构型对城市热环境的影响,往往是通过景观类型本身及其对外产生的"溢出效应"起作用。而在以单一景观类型为主的地区,景观总体构型对城市热环境的影响较弱,往往没有显著性,甚至出现与相关性、空间相关性分析相反的结果。例如,在连续集中的建设用地区域,地表温度(LST)普遍较高,而斑块密度(PD)、边缘密度(ED)较小,因而斑块密度(PD)、边缘密度(ED)与地表温度(LST)呈低—高(LH)聚集,这与相关性、双变量全局空间自相关分析的结果相反。因此,景观总体构型对城市热环境的干预更易受景观类型的影响。

同时,从景观格局指数与地表温度(LST)的聚类模式可以看出,细碎分散的耕地、建设用地的升温作用仍然较强,而支离破碎的绿地、水域难以形成明显的降温效果。

3) 空间自回归分析

本节以各类景观格局指数为自变量、地表温度(LST)为因变量,各逐步回归模型均通过了共线性及显著性检验。由景观格局指数的逐步回归模型可知(表4-24),在不同年份,闽南三市进入回归模型的景观格局指数并不一致,说明景观总体构型对城市热环境的影响机理存在不确定性。

表4-24 闽南三市景观格局指数与地表温度(LST)的普通线性回归分析

地区	年份	回归方程	决定系数 R^2	F 检验值
厦门	1996	LST = 0.166AI + 0.254SHEI − 0.305DIVISION + 0.502	0.047	77.403
	2007	LST = 0.177ED + 0.050DIVISION + 0.403	0.098	253.410
	2017	LST = 0.377SHEI − 0.385AI + 0.247PD + 0.475ED − 0.222LPI + 0.547	0.166	159.923

续表 4-24

地区	年份	回归方程	决定系数 R^2	F 检验值
漳州	1996	LST = 0.235SHEI − 0.273DIVISION + 0.047PD + 0.053ED + 0.025LSI + 0.462	0.081	632.435
	2007	LST = 0.088ED − 0.086LPI + 0.146SHEI + 0.462PD + 0.395LSI − 0.144DIVISION + 0.435	0.168	1 212.838
	2017	LST = −0.167AI + 0.225SHEI + 0.159PD + 0.293ED + 0.137LSI − 0.031LPI + 0.566	0.446	4 839.735
泉州	1996	LST = 0.139SHEI − 0.069LPI + 0.365PD + 0.295LSI + 0.105DIVISION + 0.388	0.096	681.860
	2007	LST = 0.146ED + 0.239SHEI + 0.496PD − 0.302DIVISION − 0.354LSI + 0.104LPI + 0.521	0.235	1 647.983
	2017	LST = 0.101DIVISION + 0.211SHEI + 0.096PD + 0.459ED + 0.247LSI − 0.221AI + 0.390	0.217	1 488.609

注：LST 为地表温度；AI 为聚集度指数；SHEI 为香浓均匀度指数；DIVISION 为景观分割指数；ED 为边缘密度；PD 为斑块密度；LPI 为最大斑块指数；LSI 为景观形状指数。

景观格局指数与地表温度（LST）的回归模型的决定系数 R^2 较小，说明景观总体构型对地表温度（LST）的影响较小；从时间序列上可知，景观格局对地表温度（LST）的影响作用与各类景观总体的空间构型有关。各景观格局指数与地表温度（LST）的相关性及回归模型的拟合度均逐渐上升，即景观总体构型与地表温度（LST）的空间关联逐渐加强。这归因于各类景观分布趋于均匀，景观结构的异质性增加，景观的整体空间特征更具有影响作用，因而呈现出景观总体构型对城市热环境的影响逐渐增强（熊鹰等，2020）。

比较三市来看，1996 年、2007 年，三市景观格局指数与地表温度（LST）的回归模型的决定系数 R^2 普遍呈现"泉州＞漳州＞厦门"，2017 年，则呈现"漳州＞泉州＞厦门"。厦门景观总体构型对热环境的影响普遍较弱，而漳州、泉州景观总体构型对热环境的影响较强。这与三市景观总体构型的整体差异有关。厦门城区分布密集，人为活动对环境的干扰度大，由于不同热力属性的景观交错分布，在各类景观热环境效应的相互影响下（Liu et al.，2018），热环境更易受人为活动等其他因素的影响，导致景观整体格局与热环境的关联有限。而漳州、泉州人为开发建设相对有限，人为活动对环境的干扰度弱于厦门，其景观更趋向于单一、均质和连续的整体，因而景观格局对热环境的影响较强。

由于景观总体构型对地表温度（LST）的影响机理不稳定，因而本节以 1996 年、2007 年、2017 年景观层面的景观格局指数为自变量，以相应的地表温度（LST）为因变量，进行空间自回归模型分析，为消除模型的共线性，采用逐步回归的方式（表 4-25 至表 4-27）。结果显示，在同一地区、同一年份的不同模型中,景观格局指数的回归系数仍存在不确定性,且个别景观格局指数的回归系数尚未通过显著性检验。由此可见,景观层面的景观格局对城市热环境的影响机理比较复杂,存在较大的不确定性。景观层面的景观格局是描述景观斑块的整体特征。而作为地表覆被的类型,景观类型是导致城市热环境变化的主要因素,从一定程度上来说,景观层面的格局变化对地表温度(LST)的影响取决于类型层面景观格局的变化。比如,当一个地区的景观形状指数(LSI)、景观分割指数(DIVISION)较高时,其热环境状况难以估计,应考虑其景观类型的分布状态,若绿地较多,则地表温度(LST)可能较低,若该地区以建设用地为主,则地表温度(LST)较高。因此,单纯改变景观的整体格局难以优化热环境,应与类型层面景观格局的调控紧密结合。

表4-25 厦门景观格局指数与地表温度(LST)的空间自回归模型参数

参数		1996年		2007年		2017年	
		空间滞后模型(SLM)	空间误差模型(SEM)	空间滞后模型(SLM)	空间误差模型(SEM)	空间滞后模型(SLM)	空间误差模型(SEM)
β	AI	0.035**	0.038**	—	—	−0.076**	−0.052*
	DIVISION	−0.019	0.037	—	—	—	—
	ED	—	—	0.049**	0.032*	0.073*	0.041'
	LPI	—	—	—	—	−0.080**	−0.076**
	LSI	—	—	—	—	—	—
	PD	—	—	—	—	0.050*	0.049*
	SHEI	0.028'	—	—	—	0.062**	0.047*
ρ		0.918**	—	0.904**	—	0.942**	—
λ		—	0.933**	—	0.924**	—	0.961**
constant		0.009'	0.558**	−0.043**	0.369**	0.001	0.472**
R^2		0.798	0.809	0.808	0.814	0.895	0.902
LIK		6 297.99	6 399.66	5 610.39	5 636.11	7 193.19	7 296.703
AIC		−12 586	−12 791.3	−11 212.8	−11 266.2	−14 372.4	−14 581.4
SC		−12 553.6	−12 765.5	−11 186.9	−11 246.8	−14 327.1	−14 542.6
Moran's I(error)		0.059	0.046	0.097	0.061	0.106	0.065

注:"—"为剔除的自变量;β为自变量回归系数;AI为聚集度指数;DIVISION为景观分割指数;ED为边缘密度;LPI为最大斑块指数;LSI为景观形状指数;PD为斑块密度;SHEI为香浓均匀度指数;ρ为回归系数;λ为空间残差项的回归系数;constant为截距;R^2为决定系数;LIK为最大似然对数;AIC为赤池信息量准则;SC为施瓦兹指标;Moran's I(error)为回归模型误差项的莫兰指数(Moran's I);**、*、'分别表示显著性水平为0.001、0.01、0.05、0.1。表4-26、表4-27含义相同。

表4-26 漳州景观格局指数与地表温度(LST)的空间自回归模型参数

参数		1996年		2007年		2017年	
		空间滞后模型(SLM)	空间误差模型(SEM)	空间滞后模型(SLM)	空间误差模型(SEM)	空间滞后模型(SLM)	空间误差模型(SEM)
β	AI	—	—	—	—	−0.078*	−0.074**
	DIVISION	0.059*	0.024	0.058*	0.028*	—	—
	ED	0.002	0.006	0.004	0.004	0.111**	0.130**
	LPI	—	—	−0.012*	−0.023*	−0.015*	−0.020**
	LSI	0.022*	0.022*	0.018	0.039*	0.065**	0.096**
	PD	0.007	0.015	0.075*	0.109**	0.034*	0.045**
	SHEI	0.053**	0.028*	0.056**	0.033*	0.079**	0.088**
ρ		0.880**	—	0.895**	—	0.843**	—
λ		—	0.892**	—	0.917**	—	0.924**
constant		0.042**	0.491**	0.018*	0.417**	0.081**	0.564**
R^2		0.721	0.722	0.800	0.801	0.840	0.848
LIK		48 473.3	48 352.8	54 473.1	54 302.7	61 405.8	61 398.2
AIC		−96 932.6	−96 693.6	−108 930.0	−108 591.0	−122 796.0	−122 782.0
SC		−96 873.1	−96 642.7	−108 862.0	−108 532.0	−122 728.0	−122 723.0
Moran's I(error)		0.112	0.097	0.102	0.086	0.099	0.087

表4-27 泉州景观格局指数与地表温度(LST)的空间自回归模型参数

参数		1996年		2007年		2017年	
		空间滞后模型(SLM)	空间误差模型(SEM)	空间滞后模型(SLM)	空间误差模型(SEM)	空间滞后模型(SLM)	空间误差模型(SEM)
β	AI	—	—	—	—	−0.057**	−0.077**
	DIVISION	0.002	0.021	0.078**	0.046*	0.065**	0.026*
	ED	—	—	0.004	0.013	0.059**	0.106**
	LPI	−0.015*	−0.014*	—	−0.007	—	—
	LSI	0.020	0.024	0.013	0.017	0.073**	0.097
	PD	0.008	0.006	0.052*	0.061*	0.040*	0.050*
	SHEI	0.015	0.001	0.070**	0.052**	0.072**	0.085**
ρ		0.884**	—	0.885**	—	0.918**	—
λ		—	0.902**	—	0.919**	—	0.949**
constant		0.055**	0.497**	0.034**	0.550**	0.040**	0.474**

续表 4-27

参数	1996 年		2007 年		2017 年	
	空间滞后模型(SLM)	空间误差模型(SEM)	空间滞后模型(SLM)	空间误差模型(SEM)	空间滞后模型(SLM)	空间误差模型(SEM)
R^2	0.752	0.758	0.816	0.818	0.870	0.879
LIK	43 970.3	44 143.8	46 930.2	46 730.1	50 388.8	51 029.2
AIC	−87 926.6	−88 275.6	−93 844.4	−93 446.2	−100 762.0	−102 044.0
SC	−87 867.9	−88 225.3	−93 777.4	−93 387.5	−100 695.0	−101 986.0
Moran's I(error)	0.116	0.097	0.109	0.089	0.098	0.046

此外，闽南三市空间自回归模型的决定系数 R^2、最大似然对数（LIK）呈增大趋势，施瓦兹指标（SC）与赤池信息量准则（AIC）的数值呈减小趋势，即三市回归模型的拟合度逐年上升，进一步佐证了景观层面景观格局对城市热环境的影响日益加强。

5 用地功能布局的原理

用地的功能分类是继景观分类的基础上,对各类土地用途的进一步刻画。厘清用地功能与城市热环境的空间关联,是在景观格局影响的基础上对城市热环境影响机理的进一步分析。基于城市热环境的视角,用地功能包含气候调节与土地使用两个方面的含义。基于此,本章分别从用地的气候调节与土地使用两个方面功能入手,基于遥感影像的监督分类数据,提取绿地、水域斑块,通过兴趣点(POI)数据识别城市建设用地的功能类型,综合运用多环缓冲区分析等方法,揭示用地功能与城市热环境的空间关联。在气候调节功能方面,分析绿地、水域斑块的降温效果;在土地使用功能方面,分析居住、工业等多种用地功能类型的热力特征及其对邻近区域热环境的影响机理。在此基础上,揭示气候调节、土地使用功能对城市热环境的综合影响。

5.1 绿地、水域的影响机理

5.1.1 绿地、水域的热力特征分异

1) 绿地、水域斑块等级分类

相关研究表明,绿地与水域的降温效果会彼此影响,且这种互相影响的范围难以计量,若单独分析单一斑块的降温作用,难以形成科学、合理的结论(贾宝全等,2017;岳晓蕾等,2018)。因此,本节以研究区域内所有的绿地、水域斑块为研究对象。

基于 2017 年 8 月的陆地卫星(Landsat)遥感数据,通过目视解译与监督分类,将研究区域分为绿地、耕地、水域、建设用地、未利用地。通过地理信息系统软件 ArcGIS 10.2 将绿地与水域景观提取出来(图 5-1)。绿地、水域斑块的面积大小不同,其内部包含的物质、能量必然有所差异,这对降温效果具有重要影响,因而有必要根据斑块的面积规模对其进行划分。因此,本节参考相关文献(贾宝全等,2017),对绿地、水域斑块的大小规模进行划分,等级划分标准如表 5-1 所示。

2) 绿地斑块的热力特征

本节基于 2017 年 8 月的陆地卫星(Landsat)遥感数据,通过辐射传输方程反演地表温度(LST)。根据地表温度反演结果进一步计算相对地表

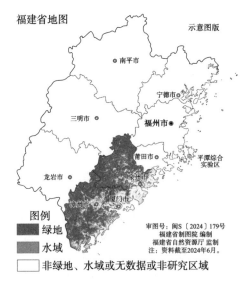

图 5-1　闽南三市绿地、水域斑块空间分布图像

表 5-1　绿地、水域斑块面积等级划分标准

斑块规模名称	微小斑块	超小斑块	小斑块	中斑块	中大斑块	大斑块	超大斑块	巨斑块
斑块面积 S/hm^2	$S \leq 0.1$	$0.1 < S \leq 1$	$1 < S \leq 10$	$10 < S \leq 30$	$30 < S \leq 50$	$50 < S \leq 100$	$100 < S \leq 200$	$S > 200$

温度(Yu et al., 2019),最终得到研究区域的相对地表温度(RLST)图像(图5-2)。

根据现有文献(Hamada et al., 2010),若超出800 m,绿地、水域的降温作用可忽略不计。因此,本节通过地理信息系统软件ArcGIS 10.2操作平台,以绿地斑块为主体,在其外围0—800 m范围内,以50 m为环间距,创建多环缓冲区,并统计各环缓冲区的相对地表温度(RLST),以反映绿地斑块的降温效果随外围距离的变化规律(图5-3至图5-5)。结果显示,不同等级斑块降温效果的影响范围差异明显。巨斑块与超大斑块降温效果的影响范围较大,在0—500 m范围内,缓冲区的相对地表温度(RLST)始终随着与绿地斑块的距离的增加而上升,说明绿地斑块的降温效果呈现出明显的逐步衰减现象;大斑块与中大斑块降温的影响范围略小于巨斑块与超大斑块,在0—400 m范围内,降温效果始终呈现出逐步衰减的现象;微小斑块、超小斑块、小斑块的有效降温范围较小,仅在0—350 m范围内降温效果逐步衰减。而各类斑块缓冲区的相对地表温度(RLST)变化曲线均呈现出"近距离递增迅速,中期递增缓慢,远距离逆势递减"的现象。这是由于在距离绿地斑块较近的区域中,随着距离的增加,降温效果的变化较为明显,因而相对地表温度(RLST)的变化幅度较大。随着距离的进一步增加,降温效果逐渐衰减,相对地表温度(RLST)变化平缓。而在较远的

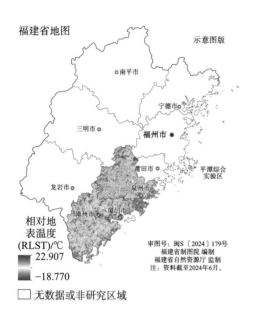

图5-2 闽南三市相对地表温度(RLST)图像

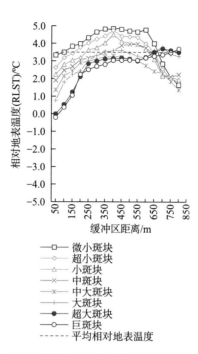

图5-3 厦门绿地降温效果的缓冲区分析

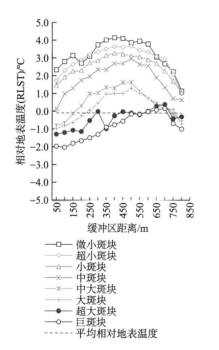

图5-4 漳州绿地降温效果的缓冲区分析

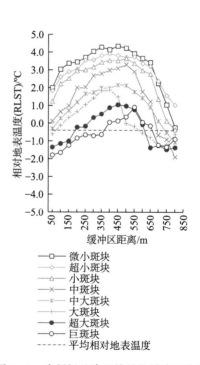

图5-5 泉州绿地降温效果的缓冲区分析

5 用地功能布局的原理 | 089

距离,缓冲区可能包含大量的其他绿地及水域,因而相对地表温度(RLST)逆势递减。

此外,不同级别的绿地斑块降温效果差异明显。在0—500 m的缓冲区范围内,绿地面积越大,在相同缓冲区处的相对地表温度(RLST)就越低。在其降温的影响范围内,等级接近的绿地斑块在相同距离处的降温效果大致相当。微小斑块、超小斑块的降温效果比较接近,中大斑块与大斑块的降温效果也比较相似。

由此可见,绿地斑块面积越大,其降温效果越显著,且降温作用的影响范围也越大。巨斑块与超大斑块在其外围500 m范围内具有明显的降温效果;大斑块与中大斑块在其外围400 m范围内具有明显的降温效果,而微小斑块、超小斑块、小斑块仅在0—350 m范围内具有降温作用,且微小斑块的降温效果甚微。

3) 水域斑块的热力特征

本节参考相关文献(Wang et al.,2019),通过地理信息系统软件ArcGIS 10.2操作平台,以水域斑块为主体,在其外围0—800 m范围内,以50 m为环间距,创建多环缓冲区,并统计各环缓冲区的相对地表温度(RLST),以反映水域斑块的降温效果随外围距离的变化规律(图5-6至图5-8)。结果显示,与绿地斑块相比,水域斑块降温效果的影响范围较大,相同斑块等级的降温效果更明显。不同等级水域斑块降温效果的影响范围也具有明显的差异。斑块面积越大,其降温效果的影响范围就越大,且水域斑块面积越大在相同范围内的降温效果就越显著。

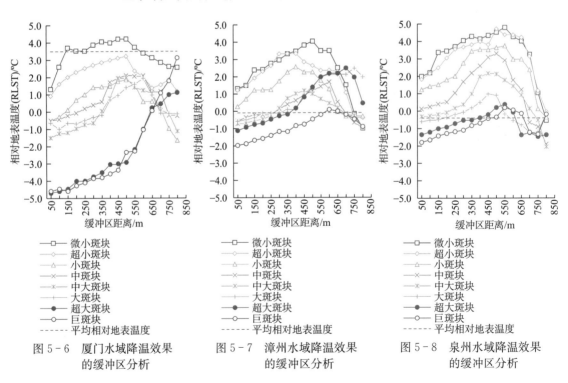

图5-6 厦门水域降温效果的缓冲区分析

图5-7 漳州水域降温效果的缓冲区分析

图5-8 泉州水域降温效果的缓冲区分析

巨斑块与超大斑块降温效果的影响范围较大,在 0—550 m 范围内,缓冲区的相对地表温度(RLST)始终随着与水域斑块的距离的增加而逐渐上升。这说明水域斑块的降温效果呈现出明显的逐步衰减现象;大斑块、中大斑块及中斑块降温的影响范围略小于巨斑块与超大斑块,在 0—450 m 范围内,其降温效果始终呈现出逐步衰减的现象;微小斑块与超小斑块缓冲区相对地表温度(RLST)的变化曲线不稳定,降温效果较弱,影响范围也比较有限。

相比于绿地斑块,水域斑块缓冲区相对地表温度(RLST)的变化曲线相对平缓,曲线大致呈现倒 U 字形,即先缓慢上升,后缓慢下降。这体现出水域的高热惯性及对温度较强的调控能力。在相同范围内,水域斑块的面积越大,其降温效果越显著,但相邻等级斑块的降温效果也存在相似性。如超大斑块与巨斑块的降温效果相当,大斑块、中大斑块的降温效果比较接近。在厦门、漳州,大斑块、中大斑块及中斑块缓冲区的相对地表温度(RLST)变化曲线比较相似。这体现出在一定的面积范围内,降温效果存在"饱和效应"。

在三市之间,水域斑块的影响范围差距较大。总体上,厦门水域斑块降温的影响范围较大,而漳州、泉州则较小。如在厦门,巨斑块与超大斑块在 0—800 m 范围内,缓冲区的相对地表温度(RLST)始终随着与水域斑块的距离的增加而逐渐上升。在漳州、泉州,其降温效果的影响范围大概在 0—550 m。这是由于厦门绿地斑块较少,建设用地较多,水域的降温效果明显。而漳州、泉州绿地较多,水域的降温效果易受绿地降温的影响,因而并不明显。

5.1.2 绿地斑块的降温效果

本节参考相关文献(Wang et al., 2019; Srivanit et al., 2019),通过冷岛强度(cooling intensity)、有效降温范围(cooling range)、降温幅度(temperature drop amplitude)三个指标对绿地斑块的降温效果进行定量评估。

冷岛强度是绿地、水域斑块冷岛效应强度的直接体现,是冷岛斑块内部的相对地表温度(RLST)与外围缓冲区 800 m 范围内的相对地表温度(RLST)的差值,具体计算方法为

$$CI = RLST_C - RLST_U \tag{5-1}$$

式中,CI 为冷岛强度;$RLST_C$ 为绿地或水域斑块内部的相对地表温度(RLST);$RLST_U$ 为外围缓冲区内的相对地表温度(RLST)。

有效降温范围即绿地或水域冷岛斑块对周边环境温度影响的最大距离。目前既有的研究关于有效降温范围有两种计算方法(岳晓蕾等,2018):一种是转折点法,计算绿地、水域斑块外围各环缓冲区的相对地表

温度(RLST),以缓冲区距离为横坐标,以外围各环缓冲区的相对地表温度(RLST)为纵坐标,绘制二维曲线图,曲线第一个转折点即有效降温范围;二是拟合回归法,以多环缓冲区内的相对地表温度(RLST)为因变量,以缓冲区距离为自变量进行二次多项式曲线拟合回归分析,通过回归方程计算有效降温范围。考虑到上述两种方法均具备合理性,本节同时采用上述两种方法,以两类方法计算得出的有效降温范围平均值作为有效降温范围。

降温幅度为有效降温范围处的相对地表温度(RLST)与绿地、水域斑块内部相对地表温度(RLST)的差值,计算方法为

$$TA = RLST_R - RLST_C \qquad (5-2)$$

式中,TA 为降温幅度;$RLST_R$ 为有效降温范围处的相对地表温度(RLST);$RLST_C$ 为绿地、水域斑块内部的相对地表温度(RLST)。

本节计算各等级绿地斑块的冷岛强度、有效降温范围及降温幅度,以衡量其降温效果(图5-9至图5-11)。结果显示,各等级斑块的降温幅度差别较小,但冷岛强度与有效降温范围差别明显。绿地斑块面积越大,其冷岛强度越低,有效降温范围越大。三市中,厦门绿地的降温效果最突出,泉州次之,漳州最弱。这是由于厦门绿地相对较少,建设用地的热岛效应明显,相比之下绿地的降温效果更突出。而漳州绿地分布密集,热岛效应总体较弱,因而绿地的降温效果并不明显。

1) 冷岛强度比较

如图5-9所示,厦门自超小斑块至巨斑块,冷岛强度始终随斑块等级的增加而逐渐加强,这说明绿地斑块面积越大,其冷岛效应越显著。大斑块与超大斑块的冷岛强度比较接近。此外,受邻近区域其他景观的降温作用影响,微小斑块的冷岛强度略强于超小斑块。这表明相比于微小斑块,超小斑块的冷岛强度优势不足,两者的冷岛强度比较接近。

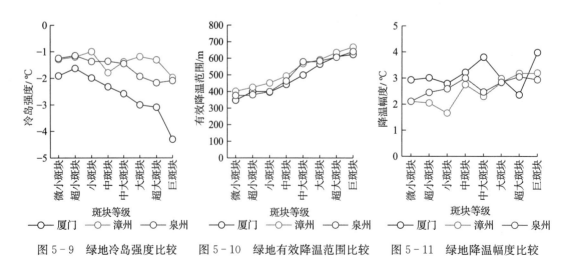

图5-9 绿地冷岛强度比较　图5-10 绿地有效降温范围比较　图5-11 绿地降温幅度比较

漳州微小斑块、超小斑块、小斑块之间的冷岛强度差距较小，在 −1.29 ℃ 至 −1.00 ℃ 之间变化。相比于前三者，中斑块的冷岛强度增幅明显，达到了 −1.79 ℃，而大斑块、超大斑块与巨斑块的冷岛强度差距较小，分别为 −1.19 ℃、−1.31 ℃、−1.97 ℃。

泉州冷岛强度随斑块等级的变化相对较小，各等级斑块冷岛强度变化的"分段特征"明显。微小斑块与超小斑块的冷岛强度比较接近，均在 −1.2 ℃ 左右；小斑块、中斑块与中大斑块的冷岛强度均在 −1.4 ℃ 左右；大斑块与巨斑块的冷岛强度比较接近，分别为 −1.93 ℃、−2.09 ℃。超大斑块的冷岛强度最显著，为 −2.17 ℃。

由此可见，厦门、漳州、泉州三市的冷岛强度变化差异较大。厦门城区密集，绿地稀少，在较强的热岛效应之下，绿地的冷岛强度显而易见，且更易受斑块等级变化的影响；而漳州、泉州两地绿地相对密集，城市热岛效应不及厦门明显，因此，绿地的冷岛强度并不突出，随斑块等级的变化较小。

2）有效降温范围比较

图 5−10 显示，三市绿地的有效降温范围差异明显，总体呈现出"漳州＞泉州＞厦门"的态势。这说明相同等级的绿地斑块，在漳州的降温影响范围普遍较大，而在厦门则较小。

厦门从微小斑块至大斑块的等级增长过程中，有效降温范围增幅明显，具体数值从 350.50 m 增长至 544.15 m。从大斑块至巨斑块，有效降温范围增长幅度较小，超大斑块与巨斑块的有效降温范围比较接近，分别为 622.55 m、639.70 m。

漳州绿地斑块的有效降温范围普遍大于 400 m，在微小斑块至中大斑块的等级增长过程中，有效降温范围增长明显，具体数值从 401.44 m 增长至 591.36 m。从中大斑块至巨斑块，有效降温范围增长幅度则逐渐降低。

泉州的变化趋势与漳州接近。在微小斑块至中大斑块的等级增长过程中，有效降温范围增长幅度明显大于漳州，从微小斑块的 376.52 m 增长至中大斑块的 578.97 m。从中大斑块至巨斑块，有效降温范围比较接近，变化幅度有限。

3）降温幅度比较

从图 5−11 中可知，总体上，绿地斑块等级越高，其降温幅度越大。绿地斑块在厦门的降温幅度最大，在漳州、泉州则相对有限。受缓冲区内多种地物热力属性的复杂性影响，降温幅度变化趋势并不明显，存在较大的波动，甚至出现降温幅度随斑块等级升高而逆向下降的情况。这是由于绿地斑块的缓冲区内存在大量建设用地、裸地，受其较强的升温效应影响，绿地的降温幅度有所下降。

厦门从微小斑块至中大斑块，降温幅度增加幅度明显，从微小斑块的 2.93 ℃ 增长至中大斑块的 3.80 ℃。从大斑块至超大斑块，降温幅度的增长幅度出现逆向下降的情况。

漳州从微小斑块至中斑块,降温幅度增长明显,由微小斑块的 2.11 ℃ 增长至 2.75 ℃。从中斑块至巨斑块的降温幅度比较接近,具体数值从 2.75 ℃ 变化至 2.83 ℃。超大斑块与巨斑块的降温幅度较大,分别为 3.18 ℃、3.20 ℃,相比于大斑块,其降温幅度增长相对有限。

泉州从微小斑块至中斑块,降温幅度稳步增长,由微小斑块的 2.11 ℃ 增长至中斑块的 3 ℃。从中斑块至中大斑块变化的过程中,降温幅度出现下降趋势,表明两者之间的降温幅度比较接近。大斑块、超大斑块与巨斑块的降温幅度比较接近,分别为 2.84 ℃、3.05 ℃、2.94 ℃。

5.1.3 水域斑块的降温效果

本节计算各等级水域斑块的冷岛强度、有效降温范围及降温幅度,以衡量其降温效果(图 5-12 至图 5-14)。结果显示,总体上水域斑块的面积越大,其冷岛强度越低,即内部的冷岛效应越明显,同时,有效降温范围与降温幅度越大。三市中,泉州水域的冷岛强度比较明显,厦门次之,漳州水域的冷岛强度较弱;三市水域斑块的有效降温范围比较接近,有效降温范围的数值及其变化趋势均比较一致;泉州降温幅度随斑块等级的增加而增幅明显,漳州次之,厦门的降温幅度变化相对平稳,最大值与最小值的差值小于 1.5 ℃。

1) 冷岛强度比较

图 5-12 显示,厦门水域斑块的冷岛强度总体上随着斑块等级的增加而稳步增长。微小斑块与超小斑块的冷岛强度比较接近,分别为 −1.21 ℃、−1.25 ℃。从中大斑块到超大斑块,冷岛强度的增幅明显,具体数值从 −1.57 ℃ 增长至 −2.31 ℃。巨斑块的冷岛强度为 −2.34 ℃,与超大斑块的冷岛强度比较接近。

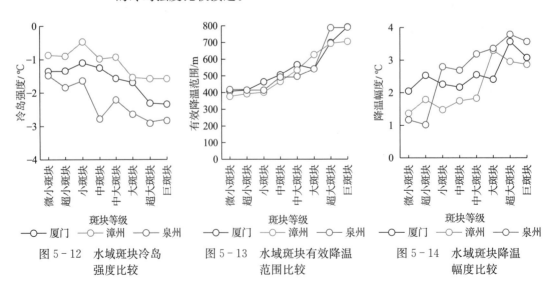

图 5-12 水域斑块冷岛强度比较　　图 5-13 水域斑块有效降温范围比较　　图 5-14 水域斑块降温幅度比较

漳州水域斑块的冷岛强度比较有限,最大仅为-1.58 ℃。微小斑块与超小斑块的冷岛强度差距较小,分别为-0.87 ℃、-0.90 ℃。从小斑块至大斑块,冷岛强度的增长幅度明显,具体数值从-0.47 ℃增长至-1.54 ℃。巨斑块与超大斑块的冷岛强度均为-1.58 ℃。

泉州水域斑块的冷岛强度最为显著,普遍在-1.48 ℃以下。自微小斑块至中斑块,冷岛强度随着斑块等级的上升而增长明显,由-1.48 ℃增长至-2.78 ℃。自中大斑块至巨斑块,冷岛强度的增长速度比较缓慢,变化幅度有限,冷岛强度由-2.21 ℃增长至-2.83 ℃。

2) 有效降温范围比较

三市水域的有效降温范围大小比较接近,三市的增长趋势相似,均为随着斑块等级的上升呈增大趋势(图5-13)。

从微小斑块至中斑块的等级增长过程中,厦门有效降温范围上升趋势明显,具体数值从418.03 m增长至496.56 m。从大斑块至巨斑块,有效降温范围的增长幅度也较大,具体数值从541.35 m增长至792.14 m。

漳州水域斑块有效降温范围变化的分段现象明显。微小斑块、超小斑块、小斑块的有效降温范围比较接近,分别为376.98 m、392.47 m、401.52 m。中斑块至超大斑块的有效降温范围增长趋势明显,从465.46 m增长至694.3 m。巨斑块的有效降温范围为705.40 m,这与超大斑块比较接近。

泉州微小斑块、超小斑块与小斑块的有效降温范围比较接近,分别为418.03 m、414.54 m、413.88 m。中斑块、中大斑块、大斑块的有效降温范围也比较接近,分别为490.10 m、496.56 m、541.35 m。超大斑块与巨斑块的有效降温范围远大于其他斑块,分别为787.42 m、791.07 m。

3) 降温幅度比较

从图5-14中可以看出,总体上,水域斑块等级越高,其降温幅度越大。与绿地斑块的降温幅度变化比较相似,水域斑块的降温幅度变化趋势也不明显,也存在降温幅度"逆向下降"的情况。

在厦门,超大斑块与巨斑块的降温幅度远大于其他等级斑块。从微小斑块至大斑块,变化幅度有限,最大值为2.55 ℃(中大斑块),最小值为2.05 ℃(微小斑块)。由此可见,斑块面积在0—100 hm^2 范围内,降温幅度受斑块等级的变化影响较小。超大斑块、巨斑块的降温幅度较大,分别为3.57 ℃、3.08 ℃。

漳州的降温幅度变化趋势与厦门比较相似。自微小斑块至中大斑块,降温幅度变化相对平稳,最大值为1.83 ℃(中大斑块),最小值为1.37 ℃(微小斑块),其中超小斑块的降温幅度明显大于微小斑块。大斑块的降温幅度为3.30 ℃,大于其他斑块等级。超大斑块与巨斑块的降温幅度比较接近,分别为2.96 ℃、2.87 ℃。由此可见,在漳州,斑块的等级越大,其降温幅度未必越大。这与大面积斑块周围较为复杂的景观构成有关。

泉州的降温幅度具有阶段性变化的特征。微小斑块与超小斑块的降温幅度比较接近,分别为 1.17 ℃、1.02 ℃。小斑块与中斑块的降温幅度比较接近,分别为 2.80 ℃、2.69 ℃。中大斑块至超大斑块的降温幅度明显上升,由 3.19 ℃增长至 3.79 ℃。巨斑块的降温幅度并不显著,略小于超大斑块,仅为 3.57 ℃。这表明,在泉州,巨斑块与超大斑块的降温幅度比较接近。

5.2 建设用地功能的影响机理

5.2.1 建设用地功能识别

本书参考相关文献(池娇等,2016),基于兴趣点(POI)数据对城市建设用地的功能区块进行划分。该方法简单快捷,划分结果精确度高,已逐渐被越来越多的学者接受与应用(Min et al.,2019;杨智威等,2019a;Yao et al.,2019),具体步骤如下:

首先,借助陆地卫星(Landsat)遥感影像,运用遥感图像软件 ENVI 5.3 操作平台的支持向量机(SVM)模块对遥感影像进行监督分类,以提取研究区域的建设用地,避免其他景观类型的干扰。

其次,运用地理信息系统软件 ArcGIS 10.2 的创建渔网模块,将建设用地斑块分为若干 180 m×180 m 的网格单元。在此基础上划分用地功能区块。

最后,通过统计各网格单元内各类兴趣点(POI)数据的比例,以进行功能判别与归并。若网格单元内某类兴趣点(POI)数据的比例大于或等于 50%,则该网格单元为单一功能区,其用地功能由该兴趣点(POI)类型确定,如居住区块、工业区块、商业服务业区块等;若网格单元内所有类型的兴趣点(POI)数据占比均小于 50%,则为混合功能区;若网格单元内无兴趣点(POI)数据,则为其他功能区。最终得到闽南三市建设用地功能区块分布图(图 5-15)。

图 5-15 闽南三市城市建设用地功能区块分布图

5.2.2 建设用地功能的热力特征

本节通过比较各类功能类型的热环境等级分布,揭示各类建设用地功能类型的热力差异。基于相对地表温度(RLST)图像(图5-2),运用均值—标准差法,将城市热环境等级划分为极低温区、低温区、次低温区、中温区、次高温区、高温区、极高温区七类(图5-16)。结果显示,大量低温区域(极低温区、低温区、次低温区)在三市的西部内陆区域出现,而高温区域(次高温区、高温区、极高温区)则集中在东南沿海区域。

图5-16 闽南三市城市热环境等级分布图

通过比较功能区块与热环境等级分布可以看出(图5-17至图5-19),除农村居住区块外,其余七类功能区块内部所包含的热环境等级均以高温区域(次高温区、高温区、极高温区)为主,但不同类型功能区块

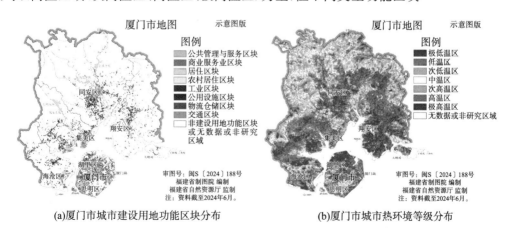

(a)厦门市城市建设用地功能区块分布　　(b)厦门市城市热环境等级分布

图5-17 厦门建设用地功能区块与热环境等级分布比较

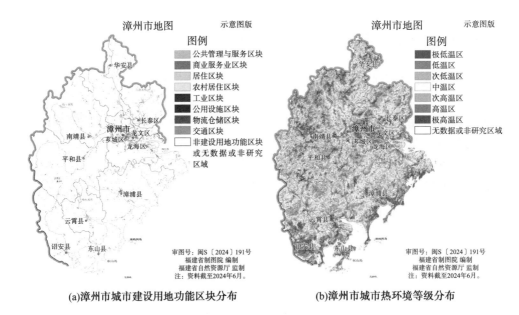

(a)漳州市城市建设用地功能区块分布　　(b)漳州市城市热环境等级分布

图 5-18　漳州建设用地功能区块与热环境等级分布比较

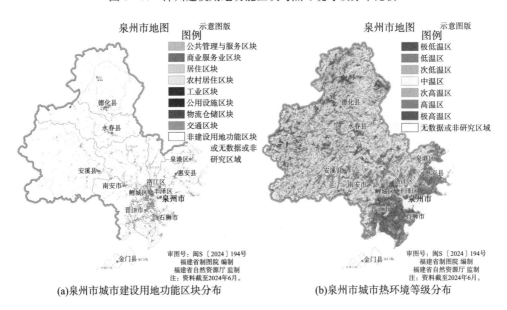

(a)泉州市城市建设用地功能区块分布　　(b)泉州市城市热环境等级分布

图 5-19　泉州建设用地功能区块与热环境等级分布比较

内部的热环境等级分布差异较大。中温区在公共管理与服务区块、公用设施区块内分布较多,而在工业区块、物流仓储区块、商业服务业区块内部,极高温区、高温区覆盖范围广。

借助地理信息系统软件 ArcGIS 10.2,进一步统计各类用地功能类型的热环境等级分布情况(图 5-20)。结果显示,闽南三市热环境等级在各类用地功能区块的分布规律比较接近。在三市中,仅在农村居住区块内存在一定比例的低温区域,其余功能区块内均以中温区、高温区为主;极高温区在工业区块内部的占比较大,占据绝对优势,三市极高温区占工业区块的比重均超过了84%,高温区的占比也高达10%以上。由此可见,工业区块具有极强的热岛效应。这与工业区块高热排放量有关,工业生产产生了大量的热量,导致工业区块地表温度(LST)过高。物流仓储区块的高温区域占比也较高,仅次于工业区块,其中极高温区占比均超过了75%,高温区也具有相当的比重。这与物流仓储区块密集的非渗透性下垫面有关,物流仓储区块不透水地表集中,植被及水体极少,因此,该区块受太阳辐射影响升温迅速。商业服务业区块、交通区块的高温区与极高温区的占比相对均衡,高温区的整体占比也较高。这是由于商业服务业区块建筑密集,开发强度较大,导致其内部通风不畅,不易散热,进而造成较高的地表温度(LST)。居住区块则以高温区为主,极高温区相对较少,而公共管理与服务区块、公用设施区块则包含了一定规模的中温区,这是由于居住区块、公共管理与服务区块、公用设施区块的建筑密度较小,建筑与建筑之间的部分空间布置了绿化或水体,有效降低了环境温度。农村居住区块由于远离城市,紧邻绿地与水域,因此其高温区域占比最低,低温区域占比最高。

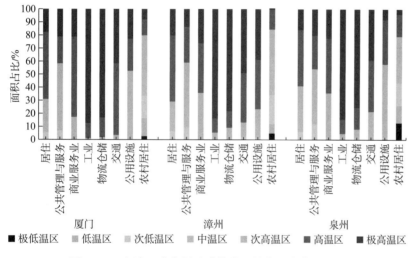

图5-20 闽南三市各用地功能类型的热环境等级分布

本节比较了各功能类型的次高温区、高温区、极高温区,以比较各功能类型的热环境特征,结果显示,三市中,极高温区占比最多的均是工业区块、物流仓储区块与交通区块。具体而言,三者的极高温区占比呈现出"工业区块>物流仓储区块>交通区块"。商业服务业区块尽管极高温区占比较低,但高温区占比较高,其热岛效应也较强。居住区块、公共管理与服务区块、公用设施区块的极高温区占比相对较低。值得注意的是,泉州居住区块的高温区占比极高,且居住区块的极高温区、高温区占比位次并不稳定,这是由于居住区块涵盖的空间类型比较复杂,建筑密度与建筑高度等空间形态变化较大,因而其热环境属性并不稳定;相比之下,农村居住区块的极高温区与高温区占比最低,公共管理与服务区块、公用设施区块的高温区占比次之。

由此可见,工业区块、物流仓储区块与交通区块由于不透水地表密集,热排放量较大,具有极强的热效应,其内部极易形成高温区;商业服务业区块建筑密集,开发强度较大,热量不易扩散,其高温区占比较高;农村居住区块的高温区占比较低,公共管理与服务区块、公用设施区块次之。

5.2.3 建设用地功能的热环境足迹

通过地理信息系统软件 ArcGIS 10.2 操作平台,以各类功能区块为中心,以 500 m 为缓冲区的环间距,构建 12 个多环缓冲区,通过计算各环缓冲区的相对地表温度(RLST),以揭示各类功能区块对邻近区域热环境的影响(图 5-21 至图 5-23)。结果显示,除农村居住区块之外,随缓冲区距离的增加,各功能区块缓冲区的相对地表温度(RLST)均呈现总体下降的趋势。在相同距离的缓冲区内,工业区块、物流仓储区块、商业服务业区块与交通区块的相对地表温度(RLST)普遍高于其他功能区块,表明四者的热效应较强。农村居住区块在第 1 环、第 2 环相对地表温度(RLST)普遍较低,这体现出农村居住区块较弱的热效应。自第 3 环开始,农村居住区块相对地表温度(RLST)的变化趋势并不稳定。这是由于农村居住区块往往远离城市中心区,其缓冲区覆盖的区域功能复杂,可能紧邻绿地、水域或

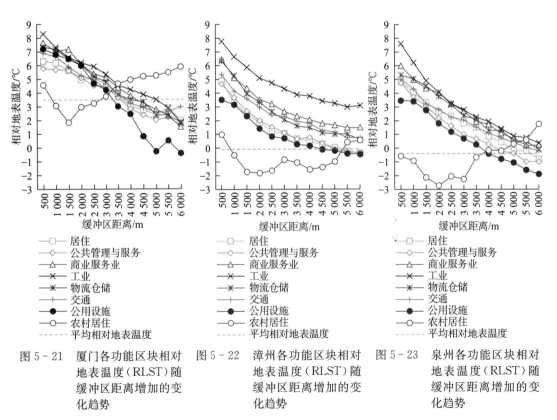

图 5-21 厦门各功能区块相对地表温度(RLST)随缓冲区距离增加的变化趋势

图 5-22 漳州各功能区块相对地表温度(RLST)随缓冲区距离增加的变化趋势

图 5-23 泉州各功能区块相对地表温度(RLST)随缓冲区距离增加的变化趋势

其他功能的建设用地,因而呈现出并不稳定的变化趋势。

根据相关文献(杨智威等,2019b),当缓冲区内的相对地表温度(RLST)大于整个研究区域的平均相对地表温度(RLST)时,该缓冲区仍处于功能区块的热环境足迹影响范围之内。基于以上认识,本节进一步揭示闽南三市各类功能区块的热环境足迹分异。

厦门各功能类型缓冲区的相对地表温度普遍在第 6—7 环之后,低于全域的相对地表温度(RLST)(图 5 - 21),说明各类功能区块缓冲区对外部环境的影响范围相对有限。这是由于厦门建设用地较多,全域城市热岛效应较强,地表温度(LST)普遍较高,因而难以体现各功能区块对邻近区域热环境的影响。工业区块的影响范围较大,其第 10 环缓冲区的相对地表温度(RLST)仍与平均值相当;商业服务业区块的影响范围次之,相对地表温度(RLST)在第 1—3 环缓冲区变化较小,随后递减迅速,自第 8 环缓冲区之后,相对地表温度(RLST)开始低于平均水平;居住区块等其他功能类型的变化趋势大致相似;公用设施区块的热环境影响范围较小,在第 6 环缓冲区之后,其相对地表温度(RLST)开始低于平均值,并有较为明显的波动。

漳州各功能类型的热环境影响范围普遍较大,其中工业区块、商业服务业区块、交通区块、物流仓储区块缓冲区的相对地表温度(RLST)始终高于全域的平均水平,居住区块、公用设施区块、公共管理与服务区块自第 9 环缓冲区后相对地表温度(RLST)低于平均水平(图 5 - 22)。这是由于漳州城市规模有限,热环境的城乡差异并不显著,相对而言,各功能类型对邻近区域热环境的影响较为明显。工业区块、商业服务业区块、交通区块、物流仓储区块的热环境影响范围较大。随缓冲区距离的增加,相对地表温度(RLST)递减缓慢,工业区块各环缓冲区的相对地表温度(RLST)最高,商业服务业区块次之,物流仓储区块与交通区块的相对地表温度(RLST)大小关系并不稳定。居住区块、公共管理与服务区块、公用设施区块的热环境影响范围较小;农村居住区块的热岛效应较弱,相对地表温度(RLST)在第 1—3 环缓冲区呈递减趋势,随后开始出现幅度较大的波动。

如图 5 - 23 所示,泉州的城乡差异较为明显,农村居住区块前 7 环缓冲区的相对地表温度(RLST)始终低于平均值。各功能类型的热环境影响范围略小于漳州。随缓冲区距离的增加,相对地表温度(RLST)递减得相对较快,但各类缓冲区相对地表温度(RLST)的变化趋势并不稳定,波动较大。工业区块缓冲区的相对地表温度(RLST)变化曲线在前 3 环内最高,自第 6 环后,工业区块、商业服务业区块、交通区块及物流仓储区块的变化曲线大致一致,四者的影响范围相似;公用设施区块自第 8 环缓冲区后相对地表温度(RLST)低于平均值,热环境影响范围较小,公共管理与服务区块次之,居住区块的热环境影响范围略大于公共管理与服务区块。

比较各功能类型缓冲区的相对地表温度(RLST)可以看出,工业区块缓冲区的相对地表温度（RLST）普遍较高，热环境的影响范围较大，商业服务业区块、物流仓储区块及交通区块缓冲区相对地表温度（RLST）的变化曲线相似，缓冲区的相对地表温度（RLST）也较高，热环境影响范围也较大；居住区块、公用设施区块及公共管理与服务区块之间的差距较小，热环境影响范围相对有限；农村居住区块的热岛效应并不显著，其缓冲区的热环境易受其他用地的影响，自身变化趋势不稳定。

6 空间形态设计的原理

空间形态是在用地功能的基础上对城市空间的进一步刻画,就研究内容而言处于较微观的研究层级。揭示空间形态与城市热环境的空间关联,是在用地功能与城市热环境关联的基础上,对城市热环境影响机理的进一步挖掘。

本章运用研究区域的相关截面数据,基于局部气候分区的理念,依据多个与热岛强度相关的空间形态指标,将研究区域划分为若干局部气候区,将问题的分析限定于局部空间,以减少城市热环境、空间形态的空间异质性对分析的干扰;通过双变量空间自相关分析热岛强度对空间形态指标的空间响应规律;通过空间自回归模型,拟合相关空间形态指标与热岛强度的关系,定量探讨各局部气候区空间形态对城市热环境的影响机理,以期为空间形态优化提供科学依据。

6.1 局部气候区

6.1.1 局部气候区的空间形态特征

闽南三市面积差异较大,其中厦门市域面积较小,而漳州、泉州两地市域面积较大,若对漳州、泉州全域进行分析,会导致三维空间分析结果并不典型,难以把握空间的异质性。为简化分析,厦门以全域为研究区域(图6-1),漳州、泉州两地选取热岛效应显著、代表性较强的地区。其中漳州

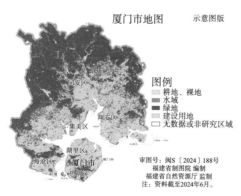

图6-1 厦门研究区域示意图

选取芗城区、龙文区、龙海区、长泰区全域,面积总计 2 540.38 km²(图 6-2)。泉州选取南安市、石狮市、晋江市、洛江区、泉港区、丰泽区、鲤城区及惠安县,面积总计 4 389.26 km²(图 6-3)。上述地区既涵盖了城区密集、人口集中、经济发达的地区,也包含海拔较高、人口稀少、林区集中的地区,具备典型性与代表性。

图 6-2 漳州研究区域示意图

图 6-3 泉州研究区域示意图

考虑到城市空间形态的空间异质性,在不同空间形态特征的区域,城市热环境的影响因素、影响机理会有所不同。因此,本章引入局部气候区的理念,依据与热岛强度有关的空间形态指标,对研究区域进行科学划分,便于探究在单一空间形态特征的局部气候区内,加剧热岛强度的主要空间形态因素。

基于陆地卫星(Landsat)遥感数据与建筑普查数据,通过地理信息系统软件 ArcGIS 10.2 操作平台中的创建渔网模块,将研究区域划分成若干 90 m×90 m 的网格单元,计算各网格单元的热岛强度、建筑密度、建筑体积密度等相关指标。空间形态指标的选取是基于既有研究(王炯,2016;岳亚飞等,2018;周伟奇等,2020)总结得出,所选的空间形态指标如表 6-1 所示,分别为天空可视度(Sky View Factor,SVF)、建筑密度(Building Density,BD)、建筑平均高度(Building Average Height,BH)、建筑体积密度(Building Volume Density,BVD)、建筑高度差(Standard Deviation of Building Height,BH_S)、不透水面比例(Proportion of Impervious Surface,ISF)、植被指数(Vegetation Index,VI)、水体指数(Water Index,WI)。上述八类空间形态指标代表网格单元中的八种下垫面特征,既是局部气候区分类的指标,也是缓解城市热岛效应的着眼点。

表 6-1 局部气候分区依据的三维空间形态因素

空间形态因素	简称	定义	热环境含义
建筑密度	BD	单位地表内建筑基地面积与单位地表面积的比值	反映地表辐射得热、局部气流与散热
建筑平均高度	BH	单位地表内建筑物高度的平均值	反映局部气流与散热
建筑体积密度	BVD	三维空间内建筑体积与总体积的比值	反映局部气流与散热
建筑高度差	BH_S	单位地表内所有建筑高度的标准差	反映局部气流与散热
不透水面比例	ISF	单位地表内不透水面覆盖的比例	反映地表辐射得热与地表径流
植被指数	VI	单位地表内植被覆盖的比例	反映地表辐射得热与物质、能量转换
水体指数	WI	单位地表内水体覆盖的比例	反映地表水分与蒸发降温
天空可视度	SVF	单位地表某一点的天空可视范围	反映地表辐射得热、局部气流与散热

根据局部气候分区的划分原理及过程(岳亚飞等,2018),将表 6-1 中的八种空间形态指标作为分类依据,运用地理信息系统软件 ArcGIS 10.2 操作平台的分组分析模块,运用 k 均值聚类法(k-means clustering algorithm)划分局部气候区,以形成分区内部相似度高而分区之间相似度低的分类结果。通过反复设定局部气候区的类别个数,发现将厦门、泉州划分为七个局部气候区,将漳州划分为八个局部气候区可以解释较多的指标变化信息(图 6-4 至图 6-6)。通过对比各类局部气候区的空间形态指标的数据,并参照闽南三市的用地类型图、谷歌(Google)高清地图,分别得出三市各类局部气候区的主要空间形态特征(表 6-2 至表 6-4)。

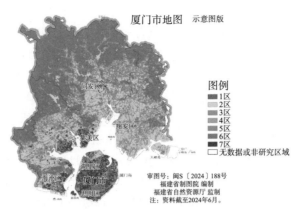

图6-4　厦门局部气候分区图

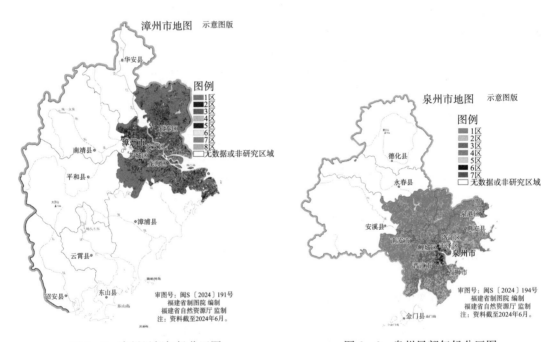

图6-5　漳州局部气候分区图　　　　　图6-6　泉州局部气候分区图

表6-2　厦门各类局部气候区的三维空间形态与环境特征

局部气候区	主要下垫面类型	主要空间形态特征
1区	高容积率、高建筑密度的建设用地	建筑分布相对密集,以高层为主,空间相对紧凑
2区	裸地、沙地、废弃地	空间开阔,植被较为稀疏
3区	广场、公园、道路等开放空间及低容积率、低建筑密度的建设用地	植被覆盖率相对较高,不透水面比例较低;建筑分布稀少,空间开阔
4区	水体、水田、湿地	地表以河流、湖泊、湿地为主,水体覆盖率最高
5区	低容积率、高建筑密度的建设用地	建筑分布密集,以低层或多层为主,高度相差较小,空间较为紧凑

续表 6-2

局部气候区	主要下垫面类型	主要空间形态特征
6 区	林地、灌木丛、草地	海拔较高，地表以林地为主，植被覆盖率最高且植被分布密集
7 区	容积率、建筑密度相对较低的建设用地	建筑分布相对稀少，以多层和高层为主，空间相对开阔

表 6-3 漳州各类局部气候区的三维空间形态与环境特征

局部气候区	主要下垫面类型	主要空间形态特征
1 区	林地、灌木丛、草地	地表植被茂密，冠层郁闭度大
2 区	裸地、沙地、废弃地	空间开阔，地表裸露，植被较为稀疏
3 区	低建筑密度、建筑高度较大的建设用地	建筑以高层为主，建筑高度变化较大，建筑密度较小，空间相对开阔，具备一定的植被覆盖
4 区	建筑密度、容积率相对较小的建设用地	建筑密度、建筑体积密度相对较小，建筑高度及其变化相对较大，空间相对开阔
5 区	高建筑密度、高容积率的建设用地	建筑密度相对较大，建筑高度变化比较有限，空间相对紧凑
6 区	广场、公园、道路等建设用地中的开放空间	不透水面覆盖度较高，植被覆盖率相对有限，无建筑分布，空间开阔
7 区	水域、湿地、水田	地表以河流、湖泊、湿地为主，水体覆盖率最高
8 区	高建筑密度、容积率较低的建设用地	建筑密度、建筑体积密度均较大，建筑高度以多层为主，建筑高度较为均质，空间紧凑

表 6-4 泉州各类局部气候区的三维空间形态与环境特征

局部气候区	主要下垫面类型	主要空间形态特征
1 区	林地、灌木丛、草地	地表植被覆盖率高，植被生长茂盛，冠层郁闭度大
2 区	裸地、废弃地、沙地	空间开阔，地表裸露，植被较为稀疏
3 区	广场、公园、道路等开放空间或低容积率、低建筑密度的建设用地	不透水面覆盖度较高，植被覆盖率相对有限；建筑分布稀少，空间开阔
4 区	水域、湿地、水田	地表以河流、湖泊、湿地为主，水体覆盖率最高
5 区	低容积率、建筑密度相对较低的建设用地	建筑以多层为主，建筑高度、体量相对均质，且分布并不密集
6 区	高建筑密度、容积率相对较低的建设用地	建筑以多层、中高层为主，建筑分布密集，空间紧凑，植被、水体覆盖率较低
7 区	高容积率、低建筑密度的建设用地	建筑高度较高，均为高层建筑，且变化明显；建筑密度相对较低

6.1.2 热岛强度的空间分异

基于陆地卫星（Landsat）遥感影像，通过遥感图像软件 ENVI 5.3 操

作平台,运用辐射传输方程(沈中健等,2021a)分别反演了闽南三市的地表温度。本章根据相关公式计算热岛强度,计算方法为

$$UHI_j = LST_j - LST_B \tag{6-1}$$

式中,UHI_j 为图像中空间单元 j 的地表热岛强度;LST_j 为空间单元 j 的地表温度;LST_B 为研究区域中背景区域的平均地表温度。

根据前文的分析结果,耕地也具有一定的热岛效应,本节通过监督分类图像,提取林地、水域的平均地表温度作为背景区域的平均地表温度,最终根据式(6-1)计算得到三市的热岛强度图像(图6-7至图6-9)。本节运用箱线图比较三市各局部气候区的热岛强度数据分布情况(图6-10至图6-12)。

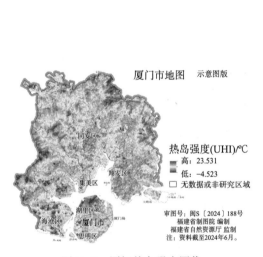

图 6-7 厦门热岛强度图像

图 6-8 漳州热岛强度图像

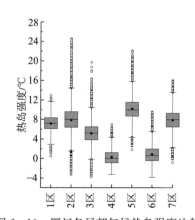

图 6-9 泉州热岛强度图像

图 6-10 厦门各局部气候热岛强度比较

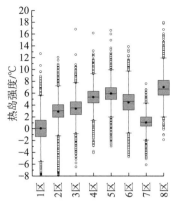
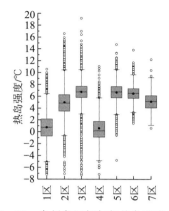

图 6-11 漳州各局部气候热岛强度比较　　图 6-12 泉州各局部气候热岛强度比较

厦门的平均热岛强度为 5.042 ℃。如图 6-10 所示，4 区、6 区的热岛强度远低于平均热岛强度；其余五个分区的热岛强度均高于平均热岛强度，其中 5 区的热岛强度远高于其他分区，说明低容积率、高建筑密度的区域地表温度较高。

漳州的平均热岛强度为 2.079 ℃。如图 6-11 所示，植被或水体分布密集的 1 区、7 区的热岛强度远低于其他地区；其余六个分区的热岛强度均高于平均水平，热岛效应显著；3 区、4 区、5 区的平均热岛强度比较接近，均大于 3.388 ℃，但三个局部气候区的热岛强度变化幅度明显，热岛强度的最大值与最小值差异最大，说明不透水地表分布密集，但空间开阔的地区，其热环境不稳定，易受环境因素影响而发生变化；8 区的热岛强度普遍较高。

泉州的平均热岛强度为 3.449 ℃。如图 6-12 所示，植被或水体分布密集的 1 区、4 区的热岛强度远低于其他地区；其余五个分区的热岛强度均高于平均水平，热岛效应显著；3 区、5 区、6 区的热岛强度比较接近，均大于 6.476 ℃，其中 3 区的热岛强度变化幅度明显，热岛强度的最大值与最小值差异较大；6 区、7 区的热环境相对稳定，热岛强度普遍较高，表明建筑密度、容积率较高的空间，其温度较高，且热环境稳定。

6.2　空间形态的影响机理

6.2.1　空间形态与热岛强度的空间关系

本节将安泽林（Anselin，1995）提出的双变量空间自相关分析，用以探究区域单元热岛强度与相关空间形态指标的相关性（表 6-5 至表 6-7）。结果显示，在各局部气候区中，热岛强度与各类空间形态指标的空间相关性差异明显。在不同的局部气候区中，同一空间形态指标与热岛强度的莫兰指数（Moran's I）指数差异较大，且个别空间形态指标与热岛强度的空间相关性没有通过显著性检验；此外，建筑体积密度、建筑平均高度、建筑高度差等指标与热岛强度的空间关系在各局部气候区中并不一致。上述结果表明，在各局部气候区中，空间形态对城市热环境的影响机制比较复杂，有必要通过回归分析进一步探讨。

表6-5 厦门各类局部气候区热岛强度与空间形态指标的双变量空间自相关分析

空间形态指标	局部气候分区						
	1区	2区	3区	4区	5区	6区	7区
建筑密度(BD)	0.360**	0.016	0.125*	0.046'	0.190**	0.027	0.236**
建筑体积密度(BVD)	−0.326**	0.003	0.125**	0.047	0.312**	0.058	0.299
天空可视度(SVF)	−0.014	−0.192*	−0.228**	−0.009*	−0.319**	−0.058	−0.354**
建筑平均高度(BH)	−0.297*	0.016'	0.132*	0.003	−0.210**	0.032	−0.185**
建筑高度差(BH_S)	−0.237*	0.018	0.112*	0.008	−0.274**	0.029	−0.247
植被指数(VI)	−0.410**	−0.190*	−0.494**	0.092*	−0.341**	−0.592**	−0.386**
水体指数(WI)	−0.054*	−0.289**	−0.273**	−0.461**	−0.032	−0.335**	−0.035*
不透水面比例(ISF)	0.342*	0.281**	0.262**	0.054	0.366**	0.371**	0.376**

注：**、*、'、'分别表示显著性水平为0.001、0.01、0.05、0.1。表6-6、表6-7含义相同。

表6-6 漳州各类局部气候区热岛强度与空间形态指标的双变量空间自相关分析

空间形态指标	局部气候分区							
	1区	2区	3区	4区	5区	6区	7区	8区
建筑密度(BD)	0.000	0.000	0.158**	−0.108	0.185**	0.000	0.034**	0.186**
建筑体积密度(BVD)	0.000	0.000	0.147**	−0.138**	−0.148**	0.000	0.031**	0.199**
天空可视度(SVF)	0.000	0.000	0.160**	0.008	−0.145**	0.000	−0.034**	−0.103**
建筑平均高度(BH)	0.000	0.000	−0.058**	−0.170**	−0.165**	0.000	0.040**	−0.223**
建筑高度差(BH_S)	0.000	0.000	−0.066**	−0.104**	−0.162**	0.000	0.039**	−0.105**
植被指数(VI)	−0.346**	−0.105**	−0.404**	−0.112**	−0.087**	−0.113**	−0.040**	−0.128**
水体指数(WI)	−0.041**	−0.036**	−0.011*	−0.117**	−0.036**	−0.146**	−0.115**	−0.004
不透水面比例(ISF)	0.106**	0.129**	0.194**	0.112**	0.099**	0.029**	0.048**	0.189**

表6-7 泉州各类局部气候区热岛强度与空间形态指标的双变量空间自相关分析

空间形态指标	局部气候分区						
	1区	2区	3区	4区	5区	6区	7区
建筑密度(BD)	−0.001	0.004	0.296**	0.023'	0.208**	0.293**	0.016
建筑体积密度(BVD)	0.002'	0.004	0.297**	0.024*	−0.009	−0.054*	−0.013
天空可视度(SVF)	0.010'	0.004	−0.077**	−0.016'	−0.251**	−0.195**	−0.006

续表 6-7

空间形态指标	局部气候分区						
	1区	2区	3区	4区	5区	6区	7区
建筑平均高度(BH)	−0.001	0.014**	0.191**	0.022*	−0.155**	−0.228**	−0.014
建筑高度差(BH_S)	−0.014**	−0.003	−0.001	0.016'	−0.125**	−0.196**	−0.145*
植被指数(VI)	−0.418**	−0.329**	−0.203**	−0.080*	0.387**	−0.204**	−0.165**
水体指数(WI)	−0.010**	−0.119**	−0.253**	−0.170**	−0.239**	0.137**	−0.178**
不透水面比例(ISF)	0.226**	0.029**	0.254**	0.268**	0.391**	0.239**	0.202**

6.2.2 空间形态与热岛强度的关联机理

本节运用空间统计分析软件 OpenGeoDa 操作平台，分别采用安泽林（Anselin，1995）提出的普通线性回归（Ordinary Linear Regression，OLS）模型、空间滞后模型（SLM）、空间误差模型（SEM）进行空间自回归分析。为便于统计分析，研究对所有空间形态指标，即自变量，进行标准化处理，将所有变量的数值映射到 0—1 范围内，计算方法为

$$N_j = (V_j - V_{\min})/(V_{\max} - V_{\min}) \quad (6-2)$$

式中，N_j 为变量 V 空间单元 j 归一化后的数值；V_j 为变量 V 空间单元 j 的数值；$V_{\max}$、$V_{\min}$ 分别为变量 V 的最大值与最小值。

1）逐步回归与多重共线性检验

根据双变量自相关分析的结果，个别局部气候区有些空间形态指标与热岛强度的空间相关性并不显著，同时也为避免空间形态指标之间的多重共线性，分别对厦门、漳州、泉州三市各个局部气候区的八项空间形态指标进行逐步回归分析，排除显著性水平大于 0.05、不显著的空间形态指标，最后经过共线性检验，所保留的空间形态指标不存在共线性[方差膨胀系数（Variance Inflation Factor，VIF）<10]，最终得到各局部气候区可作为回归分析的自变量。

2）拉格朗日乘数检验

为揭示空间误差模型与空间滞后模型描述热岛强度与空间形态指标的关系的拟合度，对各局部气候区进行拉格朗日乘数（Lagrange Multiplier，LM）检验（表 6-8 至表 6-10）。

表 6-8 厦门各局部气候区拉格朗日乘数（LM）检验表

参数	1区	2区	3区	4区	5区	6区	7区
LMlag	471.762**	53 721.498**	46 018.614**	4 641.631**	3 929.679**	109 029.721**	7 501.057**
R-LMlag	0.353	2 538.600**	2 448.773*	20.954**	125.762**	10 033.157**	360.473

续表6-8

参数	1区	2区	3区	4区	5区	6区	7区
LMerr	1 306.577**	64 078.171**	51 729.901**	5 571.808**	6 906.726**	115 979.968**	10 143.385**
R-LMerr	835.168**	12 895.273**	8 160.061**	951.130**	3 102.809**	16 983.404**	3 002.802**

注：LMlag、R-LMlag、LMerr、R-LMerr 分别为空间滞后模型的拉格朗日乘数(LM)检验值、空间滞后模型的稳健拉格朗日乘数(LM)检验值、空间误差模型的拉格朗日乘数(LM)检验值、空间误差模型的稳健拉格朗日乘数(LM)检验值；**、* 分别表示显著性水平为 0.001、0.01。表 6-9、表 6-10 含义相同。

表 6-9　漳州各局部气候区拉格朗日乘数(LM)检验表

参数	1区	2区	3区	4区	5区	6区	7区	8区
LMlag	108 388.703**	11 038.738**	1 406.800**	92.923**	1 061.842**	691.341**	732.445**	3 549.398**
R-LMlag	1 454.459**	61.627**	106.665**	0.966	36.034**	2.243	35.407**	118.164**
LMerr	169 433.894**	38 110.059**	8 103.851**	261.694**	6 685.595**	5 481.220**	6 298.532**	5 017.209**
R-LMerr	62 499.651**	27 132.948**	6 803.715**	169.738**	5 659.787**	4 792.123**	5 601.493**	1 585.976**

表 6-10　泉州各局部气候区拉格朗日乘数(LM)检验表

参数	1区	2区	3区	4区	5区	6区	7区
LMlag	93 985.789**	26 745.115**	17 247.440**	2 269.141**	434.778**	162.890**	41.660**
R-LMlag	4 659.028**	2 434.734**	1 076.106**	88.234**	8.182*	6.187*	0.393
LMerr	99 379.079**	28 166.475**	22 978.621**	2 425.233**	1 266.328**	977.997**	121.798**
R-LMerr	10 052.319**	3 856.095**	6 807.288**	2 513.467**	839.732**	821.295**	80.531**

依据拉格朗日乘数检验的结果，比较空间滞后模型(SLM)、空间误差模型(SEM)何为更合适的回归模型。LMlag、R-LMlag、LMerr、R-LMerr 分别为空间滞后模型的拉格朗日乘数(LM)检验值、空间滞后模型的稳健拉格朗日乘数(LM)检验值、空间误差模型的拉格朗日乘数(LM)检验值、空间误差模型的稳健拉格朗日乘数(LM)检验值。比较四类统计量的显著性，若四者的显著性相同，则应选择拉格朗日乘数(LM)检验值较大的模型。检验结果显示，在厦门、漳州、泉州三市的各个局部气候区中，LMerr 的检验值普遍大于 LMlag 的检验值。此外，个别区的 R-LMlag 检验值并不显著，因此，空间误差模型(SEM)比空间滞后模型(SLM)更适合描述热岛强度与空间形态指标的空间关系。

3）空间形态指标与热岛强度的空间自回归分析

（1）厦门

本节通过空间统计分析软件 OpenGeoDa，分别建立了厦门各局部气候区空间形态指标与热岛强度之间的空间自回归模型，具体分析与检验结果如表 6-11 至表 6-13 所示。

表6-11 厦门各局部气候区的普通线性回归(OLS)模型参数

参数		局部气候区						
		1区	2区	3区	4区	5区	6区	7区
β	BD	0.512'	—	—	—	0.197	—	0.387'
	BVD	−1.270**	—	8.034	—	2.838'	—	0.653
	SVF	−1.834	−3.557*	1.318'	—	−3.879*	—	−2.911**
	BH	−3.243**		1.318'	—	−13.924**	—	−5.106**
	BH_S	−1.121**	—	3.554**	—	−2.061**	—	−0.144
	VI	−2.877*	−16.442**	−24.292**	—	−10.489*	−12.829**	−10.010**
	WI	—	−31.932**	−20.656**	−4.598**	—	−19.201**	—
	ISF	14.034**	4.129**	3.625**	—	12.500**	23.472**	9.925**
ρ		—	—	—	—	—	—	—
λ		—	—	—	—	—	—	—
constant		3.592	17.349**	23.102**	−2.253	5.168'	5.970**	11.902**
R^2		0.349	0.204	0.233	0.277	0.211	0.440	0.358
LIK		−3 630.540	−110 584.000	−103 350.000	−8 023.460	−11 859.200	−139 943.000	−21 277.100
AIC		7 279.080	221 187.000	206 718.000	16 064.900	23 736.500	279 905.000	42 572.200
SC		7 329.700	221 265.000	206 797.000	16 123.100	23 795.900	279 989.000	42 637.600
Moran's I (error)		0.648	0.801	0.753	0.748	0.816	0.692	0.714

注:"—"为剔除的自变量;β为自变量回归系数;BD为建筑密度;BVD为建筑体积密度;SVF为天空可视度;BH为建筑平均高度;BH_S为建筑高度差;VI为植被指数;WI为水体指数;ISF为不透水面比例;ρ为回归系数;λ为空间残差项的回归系数;constant为截距;R^2为决定系数;LIK为最大似然对数;AIC为赤池信息量准则;SC为施瓦兹指标;Moran's I(error)为回归模型误差项的莫兰指数(Moran's I);**、*、'分别表示显著性水平为0.001、0.01、0.05、0.1。表6-12、表6-13含义相同。

表6-12 厦门各局部气候区的空间滞后模型(SLM)参数

参数		局部气候区						
		1区	2区	3区	4区	5区	6区	7区
β	BD	1.443**	—	—	—	1.487**	—	0.103*
	BVD	−1.354**	—	2.445'	—	1.524**	—	0.241'
	SVF	—	−1.469'	−1.316**	—	−2.025'	—	−0.842**
	BH	−1.879**	—	3.179**	—	4.866**	—	−1.790**
	BH_S	−1.056**	—	3.069'	—	−3.777**	—	−0.396
	VI	−0.963**	−4.220**	−12.259**	—	−1.661	−6.543**	−6.353**
	WI	—	−8.353**	−9.051**	−3.837**	—	−1.936**	—
	ISF	11.445**	3.159**	2.382**	—	11.068**	6.926**	5.977**

续表 6-12

参数		局部气候区						
		1区	2区	3区	4区	5区	6区	7区
ρ		0.272**	0.791**	0.717**	0.749**	0.558**	0.831**	0.616**
λ		—						
constant		3.514	2.579**	9.599**	2.093*	7.345	4.973**	5.657**
R^2		0.491	0.676	0.669	0.661	0566	0.672	0.631
LIK		−3 909.920	−83 027.700	−79 510.700	−5 880.290	−11 012.700	−98 092.300	−18 701.300
AIC		7 939.850	178 075.000	167 041.000	12 780.600	22 045.500	186 205.000	36 422.600
SC		6 996.100	160 163.000	157 130.000	11 845.300	20 111.500	186 298.000	36 495.300
Moran's I (error)		−0.020	−0.004	−0.006	−0.007	−0.014	−0.011	−0.009

表 6-13 厦门各局部气候区的空间误差模型(SEM)参数

参数		局部气候区						
		1区	2区	3区	4区	5区	6区	7区
β	BD	0.622*	—	—	—	0.123*	—	0.188*
	BVD	−1.669**	—	2.306**	—	0.390**	—	0.168*
	SVF	—	−1.727*	−0.565*	—	−2.028**	—	−1.031**
	BH	−1.148**	—	0.921**	—	−4.659**	—	−2.791**
	BH_S	−0.482*	—	1.181*	—	−1.403*	—	−0.955**
	VI	−3.386**	−12.578**	−9.536**	—	−3.449**	−1.874**	−1.492**
	WI	—	−21.079*	−9.189**	−3.958**	—	−1.169**	—
	ISF	7.194**	1.313*	3.083**	—	8.945**	8.695**	9.622**
ρ		—						
λ		0.737**	0.924**	0.859**	0.873**	0.874**	0.980**	0.851**
constant		7.279**	18.635**	12.524**	3.867**	6.977**	4.082**	5.268**
R^2		0.759	0.882	0.843	0.835	0.868	0.936	0.846
LIK		−3 132.206	−76 101.360	−72 568.277	−5 289.283	−8 211.930	−66 954.617	−15 701.977
AIC		6 282.410	152 221.000	145 155.000	10 596.600	16 441.900	133 927.000	31 422.000
SC		6 333.030	152 299.000	145 234.000	10 654.800	16 501.300	134 011.000	31 487.400
Moran's I (error)		−0.011	−0.003	−0.004	−0.002	−0.002	−0.001	−0.002

从表6-11至表6-13中可以看出,比较三类空间自回归模型的最大似然对数(LIK)、赤池信息量准则(AIC)、施瓦兹指标(SC)、决定系数 R^2 以及误差项的莫兰指数[Moran's I(error)],普通线性回归模型的决定系数 R^2、最大似然对数(LIK)普遍较低,而赤池信息量准则(AIC)、施瓦兹指标(SC)及模型残差的莫兰指数[Moran's I(error)]较高。因而普通线性回归模型不能作为研究空间中变量间关系的回归模型。空间滞后模型与空间误差模型的拟合效果远优于普通线性回归模型,而空间误差模型的拟合效果又优于空间滞后模型。因此,空间误差模型可以更科学地解释空间形态指标与热岛强度之间的空间关系。由表6-13可知,在任何局部气候区中,空间误差模型的空间残差项的回归系数 λ 始终为正且显著,说明模型误差有较强的空间依赖;此外,由表6-12可知,在空间滞后模型中,因变量热岛强度的回归系数 ρ 始终为正值且显著,说明局部区域的热岛强度受到邻近区域热岛强度的显著正影响。

通过比较可知,各局部气候区回归模型中的自变量有所不同。如4区主要为湖泊、河流、湿地等水域,回归模型的自变量仅包含水体指数(WI);大部分空间形态指标作为回归模型自变量时,与热岛强度的相关性是一致的:植被指数(VI)、水体指数(WI)、天空可视度(SVF)的回归系数基本为负数,建筑密度(BD)、不透水面比例(ISF)的回归系数均为正数,表明植被与水体覆盖度越大、天空可视度(SVF)越高,建筑密度(BD)、不透水面比例(ISF)越低,热岛强度越低。

建筑体积密度(BVD)、建筑平均高度(BH)、建筑高度差(BH_S)与热岛强度的相关关系在各局部气候区中并不一致。在大部分气候区中,建筑平均高度(BH)、建筑高度差(BH_S)与热岛强度呈负相关性,建筑体积密度(BVD)与热岛强度呈正相关性。这是因为建筑平均高度(BH)、建筑高度差(BH_S)的增加,加强了竖向的空气流动,从而促进了散热;建筑体积密度(BVD)的增加,使建筑物间的空隙减小,减少了空气交换,进而阻碍了散热。在1区,建筑体积密度(BVD)与热岛强度呈显著的负相关性。研究认为,这是由于建筑体积密度(BVD)的增加在一定程度上遮挡了太阳辐射,进而降低了地表温度。在3区,建筑平均高度(BH)、建筑高度差(BH_S)与热岛强度呈正相关关系。这是因为建筑平均高度(BH)、建筑高度差(BH_S)本身数值较小,产生竖向对流换热的降温效果并不明显,反而阻挡了水平方向的空气流动,进而加剧了热岛强度。

(2) 漳州

通过空间统计分析软件OpenGeoDa,建立漳州各局部气候区空间形态指标与热岛强度之间的空间自回归模型,具体分析与检验结果如表6-14至表6-16所示。

从6-14至表6-16中可以看出,在所有局部气候区中,植被指数(VI)、水体指数(WI)的回归系数均为负数,建筑密度(BD)、不透水面比例(ISF)的回归系数均为正数,表明植被与水体覆盖度越大,建筑密度(BD)、

表 6-14 漳州各局部气候区的普通线性回归(OLS)模型参数

参数		局部气候区							
		1区	2区	3区	4区	5区	6区	7区	8区
β	BD	—	—	4.614**	0.054**	0.131**	—	0.648**	—
	BVD	—	—	−1.092**	−0.104**	−0.055**	—	—	0.132**
	SVF	—	—	—	—	−0.023*	—	—	−0.162*
	BH	—	—	—	−0.255**	−0.067**	—	—	−1.099**
	BH_S	—	—	—	−0.087**	−0.056**	—	—	−0.520**
	VI	−0.269**	−0.073**	−0.115**	−0.075'	−0.067**	−0.132**	−0.059**	−0.242**
	WI	−0.104**	−0.115**	−0.142**	—	−0.154**	−0.266**	−0.106**	—
	ISF	0.132**	0.184**	—	1.249**	0.041**	0.001'	0.010	0.917**
ρ		—	—	—	—	—	—	—	—
λ		—	—	—	—	—	—	—	—
constant		0.603**	0.462**	0.546**	0.069'	0.517**	0.530**	0.471**	−0.193*
R^2		0.207	0.091	0.414	0.352	0.128	0.116	0.123	0.244
LIK		117 109.0	40 459.5	30 259.9	10 458.0	14 702.7	8 868.1	8 193.6	3 249.5
AIC		−234 209.0	−80 910.9	−60 509.9	−20 902.0	−29 387.4	−17 728.1	−16 377.1	−6 485.0
SC		−234 172.0	−80 877.3	−60 470.5	−20 849.2	−29 322.2	−17 700.5	−16 344.2	−6 441.0
Moran's I (error)		0.808	0.833	0.595	0.130	0.710	0.725	0.770	0.795

注:"—"为剔除的自变量;β 为自变量回归系数;BD 为建筑密度;BVD 为建筑体积密度;SVF 为天空可视度;BH 为建筑平均高度;BH_S 为建筑高度差;VI 为植被指数;WI 为水体指数;ISF 为不透水面比例;ρ 为回归系数;λ 为空间残差项的回归系数;constant 为截距;R^2 为决定系数;LIK 为最大似然对数;AIC 为赤池信息量准则;SC 为施瓦兹指标;Moran's I(error)为回归模型误差项的莫兰指数(Moran's I);**、*、'分别表示显著性水平为 0.001、0.01、0.05、0.1。表 6-15、表 6-16 含义相同。

表 6-15 漳州各局部气候区的空间滞后模型(SLM)参数

参数		局部气候区							
		1区	2区	3区	4区	5区	6区	7区	8区
β	BD	—	—	5.066**	0.054**	0.118**	—	0.667**	—
	BVD	—	—	−1.215**	−0.103**	−0.049**	—	—	0.053**
	SVF	—	—	—	—	−0.021*	—	—	−0.043
	BH	—	—	—	−0.253**	−0.057**	—	—	−0.283**
	BH_S	—	—	—	−0.086**	−0.051**	—	—	−0.196**
	VI	−0.139**	−0.038**	−0.105**	−0.073'	−0.048**	−0.126**	−0.040**	−0.095*
	WI	—	−0.083**	−0.132**	—	−0.132**	−0.245**	−0.109**	—
	ISF	0.149**	0.176**	—	1.237**	0.029**	0.021**	—	0.545**

续表 6-15

参数	局部气候区							
	1 区	2 区	3 区	4 区	5 区	6 区	7 区	8 区
ρ	0.722**	0.310**	0.088**	0.048**	0.114**	0.114**	0.182**	0.662**
λ	—	—	—	—	—	—	—	—
constant	0.230**	0.320**	0.511**	0.050	0.469**	0.493**	0.405**	−0.195**
R^2	0.748	0.364	0.458	0.456	0.414	0.296	0.232	0.744
LIK	160 507.0	45 773.5	30 975.5	11 503.4	16 237.7	9 906.1	8 527.4	4 928.6
AIC	−321 006.0	−91 536.9	−61 939.1	−21 990.8	−31 455.5	−19 402.2	−17 044.8	−9 841.1
SC	−320 969.0	−91 494.9	−61 891.8	−21 930.4	−31 383.0	−19 367.7	−17 011.9	−9 790.9
Moran's I (error)	−0.020	−0.008	−0.012	−0.009	−0.027	−0.023	−0.058	−0.040

表 6-16 漳州各局部气候区的空间误差模型(SEM)参数

参数		局部气候区							
		1 区	2 区	3 区	4 区	5 区	6 区	7 区	8 区
β	BD	—	—	4.322**	0.036**	0.062**	—	0.488**	—
	BVD	—	—	−1.034**	—	−0.027**	—	—	0.017*
	SVF	—	—	—	—	−0.021*	—	—	−0.135**
	BH	—	—	—	−0.004	−0.038**	—	—	−0.345**
	BH_S	—	—	—	−0.002*	−0.028**	—	—	−0.070*
	VI	−0.068**	−0.051**	−0.082**	−0.051**	−0.055**	−0.054**	−0.040**	—
	WI	—	−0.085**	−0.109**	—	−0.112**	−0.176**	−0.086**	—
	ISF	0.118**	0.088**	—	0.044**	0.034**	0.035**	—	0.619**
ρ		—	—	—	—	—	—	—	—
λ		0.972**	0.842**	0.625**	0.679**	0.708**	0.739**	0.832**	0.875**
constant		0.489**	0.456**	0.531**	0.506**	0.527**	0.496**	0.469**	0.086**
R^2		0.923	0.832	0.707	0.626	0.679	0.708	0.784	0.867
LIK		202 099.2	62 075.7	34 581.9	24 335.5	18 313.2	11 715.4	11 133.3	5 842.7
AIC		−404 192.0	−124 143.0	−69 153.8	−48 657.1	−36 608.4	−23 422.8	−22 258.5	−11 673.4
SC		−404 164.0	−124 110.0	−69 114.5	−48 604.3	−36 543.2	−23 395.2	−22 232.2	−11 635.8
Moran's I (error)		−0.029	−0.045	−0.040	−0.006	−0.004	−0.018	−0.013	−0.049

不透水面比例(ISF)越低,热岛强度越低。植被指数(VI)、水体指数(WI)作为自变量进入回归模型的频次最多,说明两者对热环境的影响较强。在2区、3区、5区、6区、7区中,两者均作为回归模型的自变量,相比之下,水体指数(WI)回归系数的绝对值大于植被指数(VI)回归系数的绝对值,体现出水体对局部气候较强的调节作用。

在4区、5区、8区中,建筑平均高度(BH)、建筑高度差(BH_S)作为自变量,两者的回归系数始终为负数。建筑平均高度(BH)的增加,一方面可阻碍水平方向的空气流动,进而阻碍局部散热,从而导致温度升高;另一方面也可促进竖直方向的空气流动,并可遮挡太阳辐射,进而降低温度。这表明在4区、5区、8区中,建筑平均高度(BH)的降温效应大于其升温效应;建筑高度差(BH_S)的增加可有效加强竖向的空气流动,从而促进散热,表明建筑的高低错落有利于缓解热岛强度。在5区、8区中,天空可视度(SVF)的回归系数为负数,这是由于天空可视度的增加可促进水平方向、竖直方向的通风散热,可缓解热岛效应。

建筑体积密度(BVD)与热岛强度的相关关系在各局部气候区中并不一致。建筑体积密度(BVD)的回归系数在8区为正数,而在3区、4区、5区为负数。这是因为:一方面,8区建筑密度(BD)较大,建筑高度以多层为主,建筑高度比较统一,建筑体积的增加会阻碍对流散热,从而导致热岛强度增加,因而在该区回归系数为正数;另一方面,建筑体积密度(BVD)的增加会遮挡太阳辐射,从而缓解热岛强度,因而在3区、4区、5区的回归系数为负数。

(3)泉州

通过空间统计分析软件 OpenGeoDa,建立泉州各局部气候区相关空间形态指标与热岛强度之间的空间自回归模型,具体分析与检验结果如表6-17至表6-19所示。

表6-17 泉州各局部气候区的普通线性回归(OLS)模型参数

参数		局部气候区						
		1区	2区	3区	4区	5区	6区	7区
β	BD	—	—	—	—	—	1.936**	0.275'
	BVD	—	—	60.852**	—	—	−6.141**	−3.943**
	SVF	—	—	4.045**	—	−1.096**	—	—
	BH	—	24.121**	16.639**	—	3.112*	2.476*	—
	BH_S	−99.341**	—	—	—	—	−1.797*	—
	VI	−9.970**	−9.241**	−2.726**	−1.061**	−2.148**	−1.838**	−1.670'
	WI	−5.915**	−11.848**	−12.113**	−3.119**	−7.595**	−8.076**	−5.756**
	ISF	9.330**	0.564**	1.127**	4.327**	1.995**	1.238**	1.381*

续表 6-17

参数	局部气候区						
	1区	2区	3区	4区	5区	6区	7区
ρ	—	—	—	—	—	—	—
λ	—	—	—	—	—	—	—
constant	8.517**	8.987**	2.343*	2.650**	4.785**	5.400**	5.204**
R^2	0.307	0.305	0.170	0.307	0.353	0.281	0.292
LIK	−118 105.0	−72 000.3	−55 094.9	−6 729.6	−5 826.4	−3 585.7	−962.8
AIC	236 220.0	144 011.0	110 204.0	13 467.2	11 664.9	7 187.4	1 937.7
SC	236 265.0	144 053.0	110 262.0	13 491.8	11 701.6	7 233.4	1 963.9
Moran's I (error)	0.763	0.697	0.605	0.629	0.540	0.487	0.421

注：" — "为剔除的自变量；β 为自变量回归系数；BD 为建筑密度；BVD 为建筑体积密度；SVF 为天空可视度；BH 为建筑平均高度；BH_S 为建筑高度差；VI 为植被指数；WI 为水体指数；ISF 为不透水面比例；ρ 为回归系数；λ 为空间残差项的回归系数；constant 为截距；R^2 为决定系数；LIK 为最大似然对数；AIC 为赤池信息量准则；SC 为施瓦兹指标；Moran's I(error)为回归模型误差项的莫兰指数(Moran's I)；**、*、·、'分别表示显著性水平为 0.001、0.01、0.05、0.1。表 6-18、表 6-19 含义相同。

表 6-18 泉州各局部气候区的空间滞后模型(SLM)参数

参数		局部气候区						
		1区	2区	3区	4区	5区	6区	7区
β	BD	—	—	—	—	—	1.803**	0.736
	BVD	—	—	17.453·	—	—	−6.451**	−4.072**
	SVF	—	—	—	0.643	−1.090**	—	—
	BH	—	22.764**	5.392*	—	4.051**	2.815*	—
	BH_S	—	—	—	—	—	−1.210*	—
	VI	−3.459**	−4.951**	−1.960**	−0.356*	−1.864**	−1.770**	−1.757*
	WI	−3.571	−6.597**	−8.686**	−2.482**	−7.074**	−7.707**	−5.577**
	ISF	4.417**	0.874**	0.357**	2.680**	1.755**	1.099**	1.113·
ρ		0.851**	0.660**	0.531**	0.638**	0.196**	0.151**	0.167**
λ		—	—	—	—	—	—	—
constant		2.866**	3.759**	2.695**	1.973**	3.702**	4.605**	4.620**
R^2		0.860	0.749	0.557	0.675	0.440	0.331	0.348
LIK		−76 547.0	−57 610.0	−46 937.3	−5 779.2	−5 611.7	−3 510.1	−942.9
AIC		153 104.0	115 232.0	93 890.6	11 568.3	11 237.3	7 038.2	1 899.8
SC		153 149.0	115 283.0	93 957.2	11 599.1	11 280.1	7 089.9	1 930.3
Moran's I (error)		0.019	0.012	0.017	0.011	0.039	0.034	0.106

表6-19 泉州各局部气候区的空间误差模型(SEM)参数

参数		局部气候区						
		1区	2区	3区	4区	5区	6区	7区
β	BD	—	—	—	—	—	1.255**	—
	BVD	—	—	4.882	—	—	−4.305**	−3.589**
	SVF	—	—	0.918*	—	−1.020**	—	—
	BH	—	—	5.998**	—	1.043	0.541	—
	BH_S	—	—	—	—	—	−1.899**	—
	VI	−3.984**	−4.723**	−1.741**	—	−1.707**	−1.451**	−1.490*
	WI	−4.526**	−7.034**	−7.661**	−2.528**	−6.310**	−6.369**	−5.663**
	ISF	2.712**	0.945**	0.635**	2.994**	1.509**	0.974**	1.395*
ρ		—	—	—	—	—	—	—
λ		0.961**	0.807**	0.766**	0.730**	0.566**	0.607**	0.253**
constant		6.474**	6.388**	5.261**	2.447**	5.197**	5.919**	5.154**
R^2		0.904	0.800	0.655	0.714	0.618	0.562	0.417
LIK		−69 278.8	−55 758.8	−45 106.9	−5 666.6	−5 184.7	−3 230.8	−908.1
AIC		138 566.0	111 526.0	90 227.9	11 339.3	10 381.4	6 477.5	1 826.1
SC		138 602.0	111 559.0	90 286.2	11 357.7	10 418.1	6 523.5	1 847.9
Moran's I (error)		−0.047	−0.087	−0.075	−0.009	−0.006	−0.034	−0.024

从表6-17至表6-19中可知,与厦门、漳州两地的分析结果相似,空间误差模型的拟合效果最佳。在任何局部气候区中,空间误差模型的空间残差项的回归系数 λ 始终为正且显著,说明模型误差有较强的空间依赖;在空间滞后模型中,因变量热岛强度的回归系数 ρ 始终为正且显著,说明局部区域的热岛强度受到邻近区域热岛强度显著的正向影响。

在所有局部气候区中,植被指数(VI)、水体指数(WI)的回归系数均为负数,建筑密度(BD)、建筑平均高度(BH)、不透水面比例(ISF)的回归系数均为正数,表明植被与水体覆盖度越大,建筑密度(BD)、建筑平均高度(BH)、不透水面比例(ISF)越低,热岛强度越低。

植被指数(VI)与水体指数(WI)作为自变量进入回归模型的频次最多,说明两者对热环境的影响较强。比较来看,水体指数(WI)增加,产生的降温效果更明显。根据空间误差模型,水体指数(WI)回归系数的绝对值较大,特别是在水体、植被较少的2区、3区、5区、6区、7区中,水体指数(WI)的回归系数均小于−5.663,而植被指数(VI)的回归系数均小于−1.451,最小为−4.723,体现出水体对局部气候较强的调节作用。

在所有局部气候区中,不透水面比例(ISF)始终作为回归模型的自变量,可见其对城市热环境的显著影响。特别是在自然地表密集的1区、4区,根据空间误差模型,其回归系数分别为2.712、2.994,表明在其空间内部,不透水面比例每上升10%,其热岛强度可升高0.27℃以上。

建筑平均高度(BH)的回归系数与厦门有所不同,在2区、3区、5区、6区中,作为进入逐步回归中的自变量,其回归系数始终为正。建筑平均高度(BH)越大,越容易阻碍水平方向的空气流动,进而阻碍局部散热,从而导致温度升高。这表明在泉州低层、多层建筑的街区,建筑高度对空气水平方向的阻碍作用大于竖向空气流动的促进作用。在大部分局部气候区中,建筑高度差(BH_S)与热岛强度呈负相关性,再次印证了建筑的高低错落有利于通风散热,缓解局部地区的"过热"现象。

建筑体积密度(BVD)、天空可视度(SVF)与热岛强度的相关性在各局部气候区中并不一致。建筑体积密度(BVD)的回归系数在3区为正数,而在6区、7区为负数。这说明在空间开阔的地区,建筑体量越庞大,越易阻碍通风散热,而在建筑相对密集、空间相对紧凑的地区,建筑体量的增加可进一步遮挡太阳辐射,缓解高温。天空可视度(SVF)的回归系数在3区为正数,而在5区为负数。这是由于天空可视度(SVF)的增加一方面可促进通风散热,另一方面也可促进太阳辐射升温。综合来看,在空间开阔、建筑稀少的3区,建筑体积密度(BVD)、天空可视度(SVF)的增加均会导致热岛强度上升,增加植被与水体的覆盖度,是缓解其热岛效应的重要措施。

(4)空间形态对热岛强度的影响机理

比较三市来看,三维空间形态特征对热环境的影响机理是复杂多变的,这也解释了众多空间形态指标,如建筑体积密度(BVD)、建筑平均高度(BH)、建筑高度差(BH_S)与热岛强度的相关性在各局部气候区中并不完全一致。然而,三市空间形态与热环境的关联比较相似。结合两者的相关关系可以看出,即便在不同局部气候区中个别指标与热岛强度的关联并不一致,但三市之间存在明显的共同规律,即在空间相似的局部气候区中,三市的空间形态指标与热岛强度的相关关系是一致的。结合三市各局部气候区的空间特征,以及空间形态指标与热岛强度的关联可以看出,在建筑高度、建筑密度较小的街区以及广场等开放空间,建筑平均高度(BH)、建筑高度差(BH_S)与热岛强度普遍呈正相关性,而在建筑密度较高的街区,两者与热岛强度普遍呈负相关性。在高层建筑街区,建筑体积密度(BVD)与热岛强度呈负相关性,而在低层、多层建筑为主的街区,建筑体积密度(BVD)与热岛强度呈正相关性。天空可视度(SVF)与热岛强度普遍呈负相关性,仅在建筑密度低、建筑高度大的区域,如泉州的3区呈正相关性。这些共同规律表明在空间相似的局部气候区中,空间形态与热环境的关联规律是恒定的,受地域差异的影响较小。此外,三市的地理区位、地域气候也比较接近,因而三市各局部气候区空间形态与热岛强度的关联比较一致,其规律具有普适性。

7 城市热环境优化策略

本章基于城市热环境优化策略体系,并根据第 3—6 章关于城市规模、景观格局、用地功能以及空间形态对城市热环境影响机理的分析结果,系统地提出了覆盖三市全域的规划策略,具体包括城市规模管控、景观格局重构、用地功能布局、空间形态设计。上述四类策略共同形成了多维度的城市热环境优化体系,以期为城市热环境优化实践提供参考。

7.1 城市规模管控

7.1.1 城市总体布局

城市群一体化的发展格局是城镇化进程中的必然趋势(杨智威等,2019a;Yu et al.,2019)。随着闽南三市城市的发展,三市的同城化发展趋势日益明显,而这一趋势又导致了热岛斑块连片化发展趋势明显,这给城市热环境优化带来了更大的挑战。

面对三市一体化发展的趋势,城市热环境优化应统筹厦门、漳州、泉州三市全局。基于此,本节以城市发展与城市热环境的空间关系为依据,提出了协调城市发展与生态保护的城市总体布局,在总体层面实现对城市规模的管控。首先,基于对城市热岛与城镇格局的整体研判,提出组团式的城镇空间结构;其次,着眼于城镇建成区与非建成区的图底关系,构建三市协同的生态降温网络,形成连续完整的自然生态空间格局,避免城市规模无序扩张。

1) 统筹区域可持续发展的组团式城镇空间结构

针对闽南三市城市热岛的空间格局呈现出与地势、区位等因素的耦合特征,本节结合多中心化、预留弹性用地的思维,系统构建了闽南三市的城镇空间结构体系,以限制城市无序扩张,合理管控城市规模,有效隔绝城市热岛。根据城市热环境状况及城市发展的趋势,本节构建了"一圈两带三区多节点"的组团式城镇空间结构,以期合理引导城镇发展及人口、产业的合理布局,管控城市规模,进而形成连续的城镇群,使城市热岛进一步连片发展(图 7-1)。

"一圈"为环湾区经济圈,该区域热岛效应最为明显,同时也是厦漳泉大都市区的核心地带,应发挥厦门以及漳州、泉州中心城区的辐射带动作

图 7-1 闽南三市城镇空间结构

用;此外,地区内部应积极补充森林公园、大型水库等绿色基础设施,缓解内部的高温现象。

"两带"分别为滨海都市发展带和西部内陆生态发展带。滨海都市发展带是支撑东部沿海发展、串联福建省滨海都市带的主要结构。西部内陆生态发展带串联三市内陆腹地城镇,是支撑闽南三市内陆城镇发展、缓解环湾区经济圈高密度人口压力的重要结构。上述地区应利用山地的资源禀赋,发展以生态旅游、生态农业为主导的绿色、低碳产业,严格限制大规模的开发建设。

"三区"分别为南部生态防护区、西部生态涵养区和东部重点整治区(表 7-1)。东部重点整治区是衔接厦漳泉三市的关键区域,地理环境、区位条件优越,易于开发建设,城镇集中,人口密集,城市热岛强度大,分布范围广,大有连片发展的趋势。因此,该地区是整个研究区域城市热岛的主要风险源,应结合生态功能的维护,增加水体与绿化,织补与恢复原有的生态区域,并且应积极利用滨海的区位优势,形成海陆交错的生态降温基质。这样既可以有效利用海洋较强的热稳定性,调控局部气候,又可以减轻海洋灾害威胁。西部生态涵养区建设用地较少,土地以林地、水域为主,热环境状况良好,城市热岛效应相对较弱,其主要生态功能是调节局地气候,维持区域热环境稳定。因此,该区域应继续维持与保护生态区域的完整性,此外应积极发展林下经济,促进地区经济建设。南部生态防护区的城镇区域扩张相对有限,但耕地、裸地分布较多,耕地、裸地因地表裸露而导致其热岛效应较强。该地区生态功能应以恢复林地、水域为主,构建结构合理的绿色屏障,减轻耕地、裸地对城区热环境的不利影响。基于不同分区的现状,进行分区调控,具体措施如表 7-1 所示。

表 7-1 闽南三市分区调控措施

分区	区域主要问题	调控措施
东部重点整治区	人口密集,经济发展迅速,城镇分布集中,空间联系密切。城市热岛区域连续集中,热岛强度较大,热岛区域对外部环境的"溢出"效应明显	① 提高城区内部林地、水域比例,织补原本破碎、孤立的生境斑块;② 限制城镇无序扩张与合并,在城镇之间预留生态空间;③ 维持并扩建滨海湿地,构建海陆交错的生态降温基质;④ 适度疏解厦门、晋江等地的密集人口,避免人为活动影响生态源地
西部生态涵养区	海拔较高,地势起伏较大,人为开发建设较少,城镇范围有限,林地、水域分布较多,城市热环境状况良好	① 实行"封山育林"等生态保护措施,对生态区域进行严格的管控与维护措施;② 积极发展林下经济,促进生态建设与城镇化协调发展;③ 合理管控城镇建设与耕作,避免其对生态区域降温作用的负向影响
南部生态防护区	城镇扩张相对滞后,但耕地、裸地分布连续集中,升温作用明显,热岛空间范围相对较大,易对城区产生不利影响	① 优化农业生产,大力发展生态农业、观光农业;② 提升耕地质量及利用率,优化农田布局;③ 实行退耕还林、退耕还湖等生态工程,山、水、农、林、渔统一规划

"多节点"为漳浦县、南安市等区域节点城镇,主要作用是有机疏解环湾区经济圈高度集中的发展压力,同时培育一批集聚能力较强的区域重要增长极,如惠安县等,以有序组织产业和人口分布。

2) 基于三市协同的城市生态降温网络构建

根据前文分析,闽南三市城市建成区的扩张与集中,带动城市热岛连片、集聚的趋势加强;特别是在厦门、漳州市辖区、石狮、晋江等衔接三市的关键区域,热岛斑块连片发展及向外"溢出"的趋势明显,这无疑对城市热环境的优化提出了更大的挑战。面对三市同城化发展的趋势,未来规划应考虑生态降温网络的同城化建设。

此外,城镇建成区与非建成区互为图底关系,缓解城市热岛效应应着眼于这种图底关系,优先构建连续完整的自然生态空间格局,在城镇建成区之间预留充分的弹性发展地带,限制城市规模扩展,以避免不同城镇斑块逐渐连接、集中,并融为一体,以有效阻断城市热岛斑块的集聚性。

基于此,三市协同的城市生态降温网络的构建应遵循"串联自然生态区域,分割城镇组团"的原则,且厦门、漳州市辖区、石狮、晋江等地应作为城市热环境重点整治区域。连续的自然生态斑块可对邻近区域产生较大程度的降温作用,同时,相互贯通的生态斑块网络也可对城镇进行有效分割,避免建成区集中而产生较强的热岛效应。本节根据景观生态学的"基质—廊道—斑块"理论模型,从生态降温的角度出发,构建闽南三市的生态降温网络,以进一步实现对城市规模的合理管控。

(1) 适应地理格局的生态降温基质

生态降温基质是调控城市热环境的背景生态系统,也是维持城市热环境稳定的重要力量。由于闽南三市"西高东低,东面沿海"的自然格局,西部山地有大片连续的山林,东南部海岸线狭长,主要城镇建成区恰好位于山海之间,可同时利用山林、海洋两大降温资源,为缓解城市热岛效应提供了良好的契机。依托闽南三市背山面海的地理格局,本节提出了"一片一带"的城市生态降温基质(图7-2)。

"一片"指的是西部内陆的绿色生态屏障,包括一系列自然保护区、风景名胜、山体林地及水域,是调控城市热环境及生态安全格局中的生态基底。该区域的优化建设应以保护与维持生态本底为主,应依照相关保护条例,严格保护内部的森林公园、湖泊、湿地等重要生态源地,保持其空间的连续完整。

"一带"指的是滨海生态降温带,由三市辖区内的海域、海岸线及沿海湿地等构成,是缓解东部沿海城区热岛效应的重要冷源。滨海生态降温带应根据近海区域开发情况,科学限制涉海区域的开发建设强度,规划能源消耗低、环境污染少的产业;同时在近海区域,应合理控制建筑密度与体量,以加强内陆地区与海域的空间联系,促使海域凉爽的空气进入城区内部。此外,近海区域建筑布局应有利于通风,建筑群体的排列、高度、形态、走向等应与主导风向相适应。

图7-2 闽南三市生态降温基质构建

(2) 分隔城镇组团的生态降温廊道

从城市降温角度来看,生态廊道的作用是在城镇内部或城镇之间发挥屏障作用,分隔城市热岛,减少城市热岛日益扩散的累积效应,同时利用生态廊道的空间"溢出效应",对邻近区域产生降温作用。基于此,本节依托现有的自然生态本底,结合前文提出的组团式城镇空间结构,建构由水域型、绿地型、水绿混合型三种生态廊道组成的多样化生态降温廊道体系,以分隔城镇组团,避免热岛斑块进一步连片化发展(图7-3)。

首先,以晋江、九龙江、西溪、杏林湾等水域为脉络,形成水域型生态廊道,在河流两侧营建防护林等,以加强廊道的屏障作用;其次,将生态廊道与城镇斑块耦合,利用因地形等原因产生的城镇内部或外围楔形、环形的空隙地带,主要是山川、丘陵等,如厦门的蔡尖尾山、漳州的金鸡山等,这些地区地势复杂,是人为开发建设的"真空区",可在这些区域种植树木,形成密林地,构建绿地型生态廊道;最后,以主要跨市域、跨县区的河流、铁路、公路为骨架,在河流或道路两侧的绿化带、防护林为载体的基础上,增加两侧绿带宽度,形成水绿混合型生态廊道,既能缓解城市热岛效应,又可减少道路对生态流扩散的干扰。

图 7-3 闽南三市生态降温廊道构建

（3）强化空间联系的生态降温斑块

生态降温斑块是指分布于城镇空间内部独立的生态区域,对缓解城市局部高温现象具有重要意义。生态降温斑块应结合生态降温基质与廊道考虑。本节整合研究区域的绿地、水域生态斑块,构成多层次、复合型的生态降温网络结构(图 7-4)。

首先,应采取严格的保护措施,维持城镇内部自然斑块的完整性,如厦门的万石山、仙岳公园、五缘湾湿地公园,泉州的灵秀山、灵源山等。在这些地区应避免大规模的开发建设,保证其内部的植被、水体覆盖率,维持其降温效果。其次,个别区域如东部重点整治区缺乏生态降温网络覆盖,应在原有生态斑块的基础上新增生态斑块,通过修补破碎化的自然景观及小规模生态斑块等生态保育措施,增强斑块的降温效能,使其成为城镇集中区内部的生态绿心。在此基础上,运用生态降温廊道加强其与周边生态降温基质的空间联系,不断补充完善生态降温网络。最后,应统筹区域、系统布局生态降温斑块,形成潜在的生态降温廊道,进一步分割城市热岛区域。特别是在生态廊道的薄弱区域,应适度增加生态斑块,发挥生态降温斑块的"踏脚石"作用,既能综合发挥气候调节作用,又可作为生态流、能量流路径的中间平台,发挥生物多样性保护等其他生态系统功能。

图 7-4 闽南三市生态降温斑块构建

7.1.2 城市分区管控

本节以三市城镇建成区斑块面积、人口密度的影响阈值为依据,分别对三市城镇建成区、人口密度进行分区,并为三市各分区提出管控策略。

1) 城镇建成区面积分区管控

根据前文分析,当城镇建成区的斑块面积大于一定值时,斑块的相对地表温度(RLST)均超过 2 ℃,即形成了城市热岛效应。以 2017 年为例,厦门、漳州、泉州三市中的该阈值分别为 1 km^2、2 km^2、3 km^2;城镇建成区斑块面积大于 2 km^2 时,城镇建成区的斑块面积与相对地表温度(RLST)呈现显著的对数正相关关系。这意味着当城镇建成区的斑块面积大于 2 km^2 时,其相对地表温度(RLST)会随着面积的增长而上升;根据对数函数求导法则,厦门、漳州、泉州三市城镇建成区的斑块面积分别小于 9.52 km^2、13.37 km^2、14.93 km^2,相对地表温度(RLST)的增长速率较快。

基于上述二个方面的城镇建成区斑块面积影响阈值,将研究区域的建成区斑块分为重点限制扩张区、优先限制扩张区、重点管控优化区三类(图 7-5)。

根据各分区对城市热环境的影响,分别提出以下策略:

(1) 重点限制扩张区。这些地区的热岛效应会随着城镇建成区斑块面积的增加而显著加强,因此应采取如下措施:① 应采取严格的管控措施,限制上述城镇建成区的斑块进一步扩张,以避免形成热岛效应较强的区域,进而影响局部区域的微气候环境;② 结合生态保护工程,在其周边划定如禁止建设区、生态保护红线等限制红线;③ 在其周边形成连续的绿

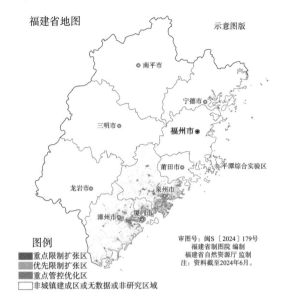

图 7-5　闽南三市城镇建成区分区管控示意图

地、水域等自然生态区域,形成生态降温基质,以抑制其内部的热岛效应。

（2）优先限制扩张区。这些地区的城镇建成区规模较小,热岛效应相对有限,但面积若超过其阈值,也极易形成新的热岛效应,因此应采取以下措施:① 采取一定的限制措施,避免斑块进一步扩张而产生新的热岛区域;② 避免相邻城镇建成区斑块的合并、连片发展,禁止成片蔓延式开发,减少大规模的开发建设对土地覆被的侵占;③ 合理进行低强度开发,禁止开发各类工业、村庄生产用地等热排放量大的用地类型。

（3）重点管控优化区。这些地区的城镇建成区规模较大,斑块普遍连续集中,空间内部异质性较大,因此应采取以下措施:① 应在内部适度营建森林公园、湖泊等绿色空间,缓解内部较为稳定的热岛效应;② 修补破碎的生态斑块,通过防护林、河流等带状绿色空间分割城镇建成区斑块,以打破稠密、连片的建成区格局;③ 适度提高土地利用效率,部分建筑宜实施屋顶绿化、墙体绿化等生态化改造措施,加强内部降温。

在未来的城镇开发建设中,厦门、漳州新增城镇飞地的面积不宜大于 $2\ km^2$,泉州新增城镇飞地的面积不宜大于 $3\ km^2$,宜采取相对分散细碎的城镇斑块组团式布局,通过交通道路相互联系,在不同斑块之间设置水库、河流、树林等生态隔离设施,避免连片集中的开发模式而形成新的热岛区域。此外,前文分析表明,厦门城镇分布范围较大,因而建成区面积对热环境的影响显著。泉州城镇分布相对有限,建成区面积对热环境的影响弱于厦门。漳州城镇分布范围较小,因而建成区面积对热环境的影响较弱。因此,在厦门应采取相对严格的管控措施,控制城镇建成区扩张,宜采取分散破碎的小规模城镇斑块;而在漳州、泉州可结合城市发展需要,采取适度宽松的管控政策,但也应密切关注重点限制扩张区斑块的扩张。

2）人口密度分区管控

人口密度与相对地表温度（RLST）呈正向关联，即人口密度越大，相对地表温度（RLST）越高。2017年，当厦门、漳州、泉州三市人口密度分别大于11 084.57人/km²、2 818.03人/km²、1 982.18人/km²时，75%的空间单元会形成热岛效应，说明人口密度大于上述数值，则形成热岛的可能性极高。当三市人口密度分别大于16 626.85人/km²、4 188.75人/km²、5 783.17人/km²时，全部的空间单元都会形成热岛效应。此外，人口密度与相对地表温度（RLST）呈对数关系。厦门、漳州、泉州三市，人口密度分别在小于5 453.61人/km²、1 216.52人/km²、5 625.48人/km²的区间内，相对地表温度（RLST）的增长速率较快。

基于上述人口密度影响阈值，将研究区域分为人口适度增长区、人口重点限制区、人口优先疏解区以及人口适宜迁入区四类（图7-6），以引导人口的合理分布。

图7-6　闽南三市人口密度分区管控示意图

根据各分区人口对城市热环境的影响，分别提出以下策略：

（1）人口适度增长区。该地区人口密度、相对地表温度（RLST）普遍较低，但热岛效应会随着人口密度的增加而显著上升，因此应采取如下措施：① 通过适宜的政策，引导人口健康增长，限制该地区人口的进一步集中，适度减缓其人口密度的增长速率，避免其热岛效应进一步加强；② 适度减少人为耕作及开发建设，通过划定生态保护区、禁止建设区等措施，加强对区域内森林、水域等自然斑块的保护力度，采取退耕还林、植树造林等生态建设工程，促进裸地、废弃地转型为林地等生态区域，维持自然本底；③ 提高土地利用效率，鼓励林地、水域等生态友好的土地利用类型。

（2）人口重点限制区：该地区人口密度相对较大，且多数区域温度较高,极易形成热岛效应,因此应采取以下应对方法:① 通过政策引导,避免周围人口迁入,营建森林公园等绿色空间,缓解因人口集中而形成的局部高温现象;② 发展绿色新兴产业,打造生态、循环经济,促进经济快速可持续发展,以减少人类对生态环境的胁迫;③ 可通过减少居民的城市热岛脆弱性来降低热岛风险,如妥善安置老人等脆弱性人群,或者安装空调等制冷设备等。

(3) 人口优先疏解区:该地区人口密集,且全部为城市热岛区域,应作为重点关注地区,宜采取以下措施:① 制定科学的人口政策、产业引导,合理疏解密集人口,可结合相关政策、法令,鼓励部分人口向外迁出,避免人口过度密集;② 积极补充城市绿地、水域等绿色空间,缓解内部较强的热岛效应;③ 鼓励技术的绿色创新,减少居民生产与生活的能源消耗与热排放量;④ 增强居民对相关降温设施与医疗资源的购买力,以减少居民对降温服务的需求。

(4) 人口适宜迁入区:这些区域人口密度相对较小,且热岛效应随人口密度上升的速率较低,可采取以下措施:① 统筹区域人口分布,承接人口重点限制区、人口优先疏解区等地区的适宜功能与人口疏解;② 适当采取相关政策鼓励人口迁入,如采取发展劳动密集型产业等方式,吸引人口,以促进区域人口合理分布。

闽南三市应警惕人口的过度集聚,减缓因人口密集而引发的热岛效应,厦门、漳州、泉州三市人口密度宜分别小于 11 085 人/km^2、2 818 人/km^2、1 982 人/km^2;同时,厦门、漳州、泉州三市宜分别对人口密度高于 16 627 人/km^2、4 189 人/km^2、5 783 人/km^2 的区域予以重点关注,通过增加绿色基础设施等方式,缓解空间内部的高温现象。

值得注意的是,闽南三市人口密度对热环境的影响作用有明显的地域差异。泉州人口密度对热环境的影响较大,这与泉州人口密集区域和热岛区域相对吻合有关;厦门人口密度对城市热环境的影响比较有限,这是由于厦门人口密度整体较高,已远超出显著影响热环境的阈值,因而人口密度与相对地表温度的关联减小;漳州人口密度与相对地表温度的关联略大于厦门,但整体也偏低,这是由于其社会经济发展相对滞后,人口密度普遍较小,因而对城市热环境的影响比较有限。

因此,在泉州应采取相对严格的措施以合理引导人口分布,如通过产业布局等方式,避免人口过度集中,尤其应尽量避免人口大量迁入人口重点限制区。厦门的人口密度与热环境的关联减小,可根据城市发展需要,适度放宽人口管控措施。但该地人口密度整体较高,特别是厦门本岛,应警惕人口过度密集而导致人为热排放集中等问题。漳州的人口密度对热环境的影响也比较有限,但由于漳州未来的发展潜力较大,也应警惕人口适度增长区、人口重点限制区的人口增长问题,避免人口高度集中而加剧热岛效应。

7.2 景观格局重构

7.2.1 源汇景观分区配置

基于源汇景观理论(陈利顶等,2006),可将各类景观分为源、汇景观。而相对地表温度(RLST)是地表温度与平均地表温度的差值,可反映局部区域相对应的热力属性,是比较城市热环境空间异质性的有效指标。因此,本节以 2017 年的相关分析数据为例,根据相对地表温度(RLST)划定城市热环境控制分区,分区标准见表 7-2,进而将研究区域划分为生态冷源保护区、热岛普通防范区、热岛一般控制区、热岛次要控制区、热岛重要控制区以及热岛重点控制区共六个分区(图 7-7)。

表 7-2 城市热环境控制分区标准

规划控制分区	分区标准
生态冷源保护区	$RLST_i < 0\ ℃$
热岛普通防范区	$0\ ℃ \leqslant RLST_i < 2\ ℃$
热岛一般控制区	$2\ ℃ \leqslant RLST_i < 4\ ℃$
热岛次要控制区	$4\ ℃ \leqslant RLST_i < 6\ ℃$
热岛重要控制区	$6\ ℃ \leqslant RLST_i < 8\ ℃$
热岛重点控制区	$RLST_i \geqslant 8\ ℃$

注:$RLST_i$ 为空间单元 i 的相对地表温度。

图 7-7 闽南三市城市热环境控制分区

生态冷源保护区即相对地表温度(RLST)小于0℃的区域,即区域中的冷岛区(cold island),可对全域热环境起到降温作用,具体规划策略以保护为主;热岛普通防范区即热力特征介于冷岛与热岛之间的区域,其相对地表温度(RLST)高于全区平均值,但低于2℃,应防止其转变为热岛区域;热岛一般控制区、热岛次要控制区、热岛重要控制区以及热岛重点控制区均为相对地表温度(RLST)大于或等于2℃的热岛区域,等级越高,其热岛效应越明显,上述区域是城市热环境重点管控区域。

利用线性回归模型分析源汇景观组分差值与相对地表温度(RLST)的关系(表7-3),所有的方程均通过了显著性检验。结果显示,源景观的组分越大,其相对地表温度(RLST)越低,成为热岛区域的可能性越小;从研究区域全域来看,局部地区源汇景观组分差值每增加10%,相对地表温度(RLST)降低0.377℃,而在厦门、漳州、泉州则可能分别降低0.409℃、0.316℃、0.414℃。

根据源汇景观组分差值与相对地表温度(RLST)的回归方程,确定不同城市热环境控制分区的源汇景观组分控制标准。综合考虑回归方程自变量取值范围的限制,以及城市发展建设的需求,生态冷源保护区、热岛普通防范区、热岛一般控制区以其相对地表温度(RLST)取值的下限为控制目标;热岛次要控制区、热岛重要控制区、热岛重点控制区以其相对地表温度(RLST)低于4℃为控制目标,确定各热环境控制分区的源汇景观组分,作为未来空间规划中自然生态区域及人工建设区域的管控依据(表7-4)。

表7-3 闽南三市源汇景观组分差值与相对地表温度(RLST)的关系

地区	回归分析				提高单位组分(10%)的降温效果/℃
	回归方程	决定系数 R^2	F 检验值	显著性 Sig.	
闽南三市全域	$y=-3.766x+1.313$	0.626	19 232.008	0.000	0.377
厦门	$y=-4.090x+2.887$	0.782	850.684	0.000	0.409
漳州	$y=-3.160x+1.185$	0.585	10 387.825	0.000	0.316
泉州	$y=-4.138x+0.959$	0.601	10 707.141	0.000	0.414

表7-4 闽南三市城市热环境控制分区规划控制标准

规划控制分区	源汇景观配置	控制标准/%			
		闽南三市全域	厦门	漳州	泉州
生态冷源保护区	源景观比例	≥72	≥90	≥74	≥80
	汇景观比例	≤28	≤10	≤26	≤20
热岛普通防范区	源景观比例	≥67	≥85	≥69	≥62
	汇景观比例	<33	<15	<31	<38

续表 7-4

规划控制分区	源汇景观配置	控制标准/%			
		闽南三市全域	厦门	漳州	泉州
热岛一般控制区	源景观比例	≥41	≥60	≥37	≥37
	汇景观比例	<59	<40	<63	<63
热岛次要控制区、热岛重要控制区、热岛重点控制区	源景观比例	≥14	≥36	≥5	≥13
	汇景观比例	<86	<64	<95	<87

上述控制标准为未来空间规划中自然生态区域及人工建设区域提供了组分控制范围。在不同城市的热环境控制区中，若源汇景观组分低于或高于控制标准时，则可通过改变部分土地利用、地表覆被类型来优化局部热环境。

值得注意的是，在三市中，景观组分对城市热环境的影响作用有所不同。在同一相对地表温度下，三市所对应的源景观组分呈现"厦门＞泉州＞漳州"。这说明厦门需要更多的源景观以缓解热岛效应，泉州次之，漳州较小；在厦门、泉州两地，增加相同比例的源景观，相对地表温度下降幅度较大，而在漳州则较小。因此，在厦门，应采取相对严格的源汇景观组分控制标准，力求在市域总体上增加源景观的比例，在城区内部注重补充源景观，以最大限度地缓解热岛效应。而在漳州、泉州，可适当采取相对宽松的源汇景观管控标准。

7.2.2 景观空间结构规划

塑造连续完整的自然山水格局，打破稠密的城镇组团，是缓解热岛效应的关键。基于此，本节提出因地制宜、串联山水的城市景观结构。一方面，尊重三市山水格局与城镇分布，形成降温景观体系；另一方面，结合三市的地理格局，构建串联山海、分割城镇组团的城市绿道系统。

1) 契合山水格局与城镇分布的降温景观体系优选

闽南三市降温景观的选择应基于三市自然本底状况，契合市域山水格局，并结合城镇建成区的空间分布，划定具备一定规模的自然生态区域，以便于发挥降温景观对邻近城镇地区的冷岛效应（周媛等，2014），促进城镇区域降温。降温景观即连续集中的生态斑块，包括自然生态保护区、森林公园、湖泊、水库等绿地、水域景观。

厦门结合其山水格局，构成了"一环三片多节点"的降温景观体系（图7-8）。"一环"即厦门北部、西部的山林地区，也包含其内部的汀溪水库、竹坝水库、曾溪水库、石兜水库等重要水域景观斑块。上述景观为厦门形成了连续完整的天然生态屏障，是调节城市气候、维持生态安全格局的重要生态基底。"三片"是穿插于城市组团之间、规模相对较大的自然绿地、水域生态斑块，包括海沧区的蔡尖尾山、思明区的东坪山—园林植物园—万石山景区以及美人山—天马山景区。三片自然生态区域是分隔城市热岛的重要生态单元，通过与城区的物质能量交换，维持局部地区的热环境稳定。"多节点"是指嵌入厦门城区内部的多个重要生态绿心，如马銮湾、杏林湾水库、西溪、仙岳公园、白鹭洲公园、五缘湾湿地公园、湖边水库等，这些生态斑块可调节局部片区的微气候，在城市绿道的串联下，共同形成厦门全域源地网络。

图 7-8 厦门降温景观体系

漳州绿地资源丰富，热岛斑块主要集中在芗城区、龙文区、龙海区等城市中心区域，以及东南部的主要城镇及周边连续的耕地、裸地。基于漳州的自然本底状况，本节建构了"一底两轴五楔多绿心"的降温景观体系，形成山、水、城协调统一的生态格局（图 7-9）。"一底"即漳州西部内陆连绵广阔的绿地斑块，以及南一水库、峰头水库等重要水域斑块。上述自然生态景观共同构成了漳州主要的生态降温基质。"两轴"是指由九龙江西溪、北溪及其沿岸绿地共同形成的水绿交错地带，上述两条水绿交错带环抱漳州城市热岛效应最显著的中心城区，是中心城区降温的主要骨架。"五楔"是指嵌入漳州城镇及周边耕地、裸地内部的重要水域斑块，具体包括九龙江入海口、岱嵩湾、赤屿港、东山湾以及宫口港。这些水域斑块均为自邻近海域楔入，是联系海洋与陆地的枢纽。受海洋高热惯性的影响，上述水域温度比较稳定，为调节局部地区气候提供了重要的源地，也为生态的安全稳定起到了重要的协调作用。"多绿心"即分布在城区内部的众多生态斑块，如漳州云洞岩风景区、碧湖生态公园、芝山公园等。

泉州热岛区域主要集中在东南沿海建设用地密集的城市建成区，而内陆地区多为绿地，热岛效应甚微。本节通过梳理泉州山水格局，以泉州山水为骨架，优选降温景观，具体可概括为"一底一带多绿心楔入"的降温景观格局（图 7-10）。"一底"即西部内陆的自然生态区域，主要是山区林地

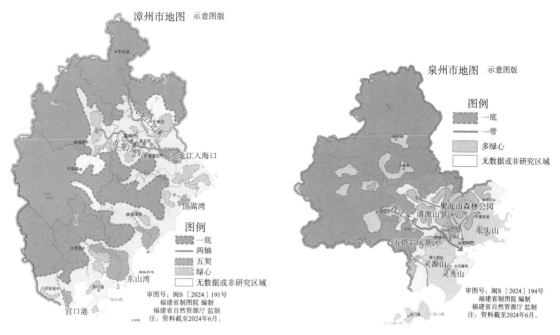

图 7-9　漳州降温景观体系　　　　图 7-10　泉州降温景观体系

及大型湖泊、水库等,上述自然景观构成了泉州重要的生态降温基础。"一带"即由晋江水面及两侧50 m内的绿地构成的城区降温带,是自然生态区域向城区内部的延续,也是隔绝城市热岛的重要屏障。所谓"多绿心"是由于泉州建设用地呈现出"大聚集、小分散"的格局,城市建成区大多分布在中心城区、晋江市、石狮市等东南沿海地区,迫切需要向城区内部楔入生态绿心,以打破稠密的建成区格局。因此,本节梳理了五塔岩风景区、清源山景区、聚龙山森林公园、灵源山、灵秀山、东头山等多个生态绿心,作为嵌入城区内部进行物质能量交换、调节局部微气候的重要源地。

2) 山海联动、隔绝热岛的城市绿道系统构建

闽南三市地理格局比较相似,均为滨海城市,东部沿海城区集中,而西部内陆以山地、丘陵为主,主要为林地等自然地表,形成了重要的生态屏障。受东部沿海城镇集中的影响,研究区域西部山林地带与东侧海域的生态联系有限。此外,由于地势、区位等因素,东部沿海城区相对密集,热岛效应显著,且大有连片发展的趋势。基于此,为使山林与海洋联动互补,并可有效隔绝城市热岛,本节通过整合重要的山林、河流、水库等生态斑块,尝试构建了串联山海、分割城镇组团的城市绿道系统,以最大限度地发挥城市绿道对邻近区域的降温效应。

厦门是典型的"海岛—海湾型"城市,由于厦门城市的开发建设注重对生态环境的保护,其自然生态本底保持良好。基于厦门的空间结构,构建了以"一圈一带四轴"为骨架的城市绿道系统。"一圈"即环绕厦门本岛的海域,与环岛路滨海绿化带共同形成了对厦门本岛的冷岛辐射;"一带"即

环湾海陆交错带,是岛外沿海城区的重要冷源地;"四轴"是指按行政区划有效分割了岛外的海沧、集美、同安、翔安四大城市组团的城市绿道,分别是杏林湾绿道、马銮湾绿道、美人山绿道以及西溪绿道,上述四轴是生态隔离、联系山海的重要生态廊道(图7-11)。

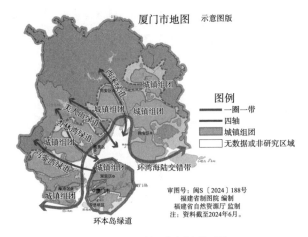

图7-11 厦门城市绿道系统

漳州城镇分布相对有限、分散,空间结构呈散点式布局,城市热岛效应较弱,主要集中在芗城区、龙文区及龙海区主城区等地。基于漳州城市空间结构,本节建议形成"一带一环三廊道"的绿道格局(图7-12)。"一带"即滨海的海陆交错带,结合海域形成了漳州中心城区以及南部主要城镇的重要冷源。"一环"是指环绕漳州中心城区北侧、西侧、南侧的城市绿道,该绿道主要由山林、水库等自然地表组成,构成了一道生态屏障,避免城市热岛"溢出",影响邻近区域。"三廊道"是指贯穿主要热岛区域的城市绿带,

图7-12 漳州城市绿道系统

一是瑞竹岩风景区—云洞岩风景区—白云岩风景区,将漳州中心城区分隔为东、西两个部分,避免城市热岛持续蔓延;二是陈云光文化公园—虎林山遗址公园—浒茂洲,与中心城区主轴线平行,进一步切割城市热岛;三是从龙海区东南部至漳浦县耕地、裸地密集区域西侧3 km的城市绿色隔离带,以避免大片连续集中的耕地、裸地所产生的热岛效应影响城区热环境。

泉州东南沿海城区集聚特征明显,热岛效应显著,本节在协调城市空间结构的基础上,形成了"一环两带四廊道"的城市绿道系统(图7-13)。"一环"是指东南沿海城镇密集区域西侧宽度为5 km左右的生态绿环,利用山林、湖泊、湿地等自然生态斑块构建生态屏障,调控城市气候。"两带"分别为环城绿带与滨海蓝带:环城绿带是包围热岛集中地区(鲤城区、丰泽区、石狮市以及晋江中心城区)的城市绿带,其重要功能是隔离连续的热岛区域,构建泉州环湾核心区生态绿带;滨海蓝带是泉州曲折的海岸带,不仅可调节沿海城区热环境,而且可供沿海观光游憩。"四廊道"为贯穿主要城区之间、分割城市组团的四条绿色生态廊道。四条廊道结合环城绿带将东南城区有机分隔成若干个城市组团,以避免热岛斑块进一步集中。

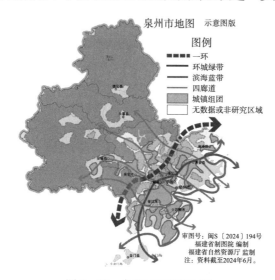

图7-13 泉州城市绿道系统

7.2.3 景观协调布局

景观格局指数与城市热环境的关联为协调布局各类景观提供了理论依据,本节基于闽南三市景观格局指数与城市热环境的耦合规律,提出相应的景观优化布局策略。

1) 塑造连续集中、形状复杂的城市绿地、水域景观

绿地的景观类型比例(PLAND)、最大斑块指数(LPI)、聚集度指数(AI)、平均斑块面积(Area_MN)、景观形状指数(LSI)与地表温度(LST)

呈负相关性,斑块密度(PD)、边缘密度(ED)与地表温度(LST)呈正相关性。这表明细碎、规整的绿地降温效果不如连续且形状复杂的同类景观。水域尽管自身比例较小,对地表温度(LST)的影响有限,但也具备明显的降温效果。因此,绿地、水域可通过提高斑块的连续程度、联系程度、形状复杂程度来强化降温效果。公园绿地、防护绿地、景观水系、街边绿化等城市绿地宜采取边界曲折多变而又连续集中的空间形态,结合道路绿化、河道疏通串联原有的绿地、水域,形成降温"廊道",并整合破碎的绿地、水域,形成连续完整的降温斑块,以加强绿地、水域对周边区域的降温效应。

厦门是海绵城市建设的试点城市。此外,厦门、漳州、泉州三市雨量充沛,一体化发展趋势明显,可考虑三市海绵城市的同城化建设。同时,应把握海绵城市建设对绿地、水域整合完善的良好契机,合理布局蓝绿网络,形成既能调控雨洪又能缓解热岛效应的"水绿共生"的降温体系。

2) 限制与分隔建设用地、裸地,保护与补充绿地、水域

景观空间构型对地表温度(LST)的影响作用与景观类型总体的空间分布状态有关。景观优势度大且连续集中的景观类型,对城市热环境的影响作用更强。综合考虑厦门、漳州、泉州三市城区扩张、耕地减少的趋势,应适度控制建设用地的规模,积极引导耕地、裸地及部分建设用地向绿地、水域转型,以增强降温景观的优势度,强化其对城市热环境的影响作用。同时,在大型绿地、水域等生态区域周边,应限制开发建设及耕作,使其成为良好的生态冷源;在连续稠密的城区内部,适当镶嵌具有一定规模的森林公园、水系等降温要素,形成生态隔离带,限制其景观集聚,避免形成较强的热效应;适度提高土地利用效率,减少不透水表面,并结合屋顶花园、立体绿化等,增加绿地、水域。

3) 力求形态简单、空间规整的景观布局

景观空间结构复杂、斑块零散的景观格局更易升温。因此,综合考虑不同景观类型的热环境属性,在不透水地表较多,绿地、水域较少的地区,景观斑块宜采用矩形、圆形等形式简单的形状;在综合配置多种土地类型时,应简化其空间结构,避免形成支离破碎、形态混乱的布局。绿地、水域既要形态丰富,也要连续集中,不透水地表或耕地、裸地则应采取单一、规整的空间形态,以减少其升温作用,形成各景观类型布局均衡、形态规整的整体空间格局。

7.3 用地功能布局

7.3.1 绿地、水域布局

一味地增加绿地、水域斑块的面积,未必能形成理想的降温效果。在绿地、水域规划时,应综合考虑其空间位置、面积配置以及经济性与降温效果。基于此,本节结合三市绿地、水域降温效果的差异,运用地理信息系统软件 ArcGIS 识别有效降温范围以及有效降温范围尚未覆盖的区域,为合

理布局绿地、水域提供依据,并提出相应的绿地、水域布局策略;以绿地、水域不同等级斑块的冷岛强度、有效降温范围、降温幅度的变化规律为依据,并综合考虑营建成本,分别提出了三市绿地、水域斑块面积的配置建议。

1) 基于有效降温范围全域覆盖的绿地、水域布局规划

绿地、水域作为缓解热岛效应的功能用地,均具备一定的有效降温范围。在有效降温范围之内,绿地、水域的降温效果明显,而在有效降温范围之外的区域,绿地、水域的降温效果甚微。这意味着适度分散布局绿地、水域,可有效提升绿地、水域的降温效率,而集中式、大规模的绿地或水域斑块,其降温效果未必能辐射更广阔的区域。因此,识别有效降温范围以及有效降温范围尚未覆盖的区域,保证厦门、漳州、泉州三市全域被绿地、水域斑块的有效降温范围全面覆盖,是合理布局城市蓝绿空间的基础。

为识别绿地、水域斑块的有效降温范围及其尚未覆盖的区域,本节运用地理信息系统软件 ArcGIS 10.2 操作平台,根据有效降温范围对研究区域进行分区。首先,根据研究区域景观分类数据,提取绿地、水域斑块。其次,按照三市绿地、水域各斑块等级的有效降温范围,在绿地、水域斑块建立缓冲区,有效降温范围根据前文分析计算得出,具体详见表 7-5。最后,结合绿地、水域斑块及其缓冲区的覆盖情况,将研究区域分为以下六类,分别为绿地、水域、绿地有效降温区、水域有效降温区、绿地—水域有效降温重叠区、有效降温未覆盖区(图 7-14 至图 7-16)。其中,绿地有效降温区是指位于绿地斑块有效降温范围之内的区域;水域有效降温区是指位于水域斑块有效降温范围之内的区域;绿地—水域有效降温重叠区是指同时位于绿地、水域斑块有效降温范围之内的区域;有效降温未覆盖区是指位于绿地、水域有效降温范围之外的区域。

表 7-5 闽南三市绿地、水域斑块有效降温范围

斑块等级	有效降温范围/m					
	绿地			水域		
	厦门	漳州	泉州	厦门	漳州	泉州
微小斑块	350.50	401.44	376.52	418.03	401.17	418.03
超小斑块	399.68	424.97	380.59	414.54	376.98	414.54
小斑块	396.47	451.32	398.88	413.88	392.47	413.88
中斑块	442.54	493.06	463.36	490.10	465.46	490.10
中大斑块	408.89	567.38	578.97	496.56	434.62	496.56
大斑块	544.15	591.36	584.11	541.35	587.05	541.35
超大斑块	639.70	634.38	606.17	699.01	694.30	787.42
巨斑块	622.55	667.25	640.25	792.14	705.40	791.07

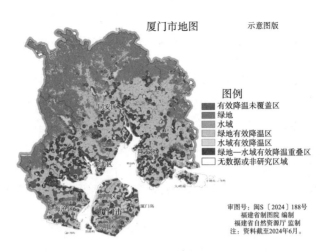

图 7-14 厦门绿地、水域有效降温分区

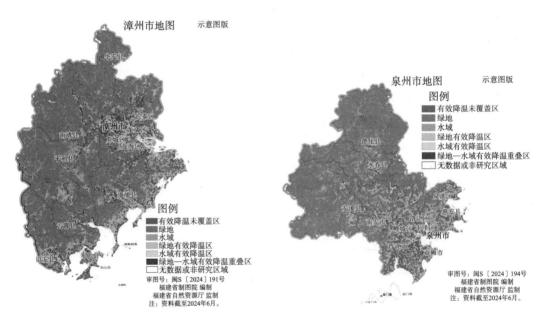

图 7-15 漳州绿地、水域有效降温分区　　图 7-16 泉州绿地、水域有效降温分区

本节针对不同有效降温分区，提出相应的绿地、水域布局策略。

有效降温未覆盖区是建议城市新增绿地、水域建设的首选区域。这些区域应结合有效降温未覆盖区各斑块的面积大小，设置规模、形状适合的绿地、水域，确保绿地、水域的有效降温范围覆盖全部区域，如条带状区域，可考虑营建带状绿化或形成条带状河流。同时，新建绿地、水域的有效降温范围尽可能与周边绿地、水域斑块的有效降温范围重叠，以最大限度地增强降温效果。

绿地有效降温区、水域有效降温区应结合具体的热环境状况，以及有效降温的辐射范围，适度补充绿地、水域。绿地的降温效果并不稳定，易受邻近区域热环境的影响,可考虑与水域结合,形成水绿交错的生态网络。此外,在有效降温范围的边缘区域,以及微小斑块、超小斑块等降温效果有限的小规模斑块周边,可考虑将若干规整而分散的降温斑块整合为连续且形状复杂的较大斑块,使其降温效果可辐射更大的范围。绿地—水域有效降温重叠区的热环境相对舒适,可考虑设置居住区、商业区或广场等人群密集的功能区域,有效利用绿地、水域的交错降温效果。

为优化城市蓝绿系统,在现有绿地、水域斑块的基础上,建议增加部分绿地、水域,以提升城市气候舒适性。基于有效降温未覆盖区的分布,提出了新增绿地、水域的位置建议,作为新增绿地、水域的位置参考。根据有效降温未覆盖区的面积大小,建设点分为重点建设点、优先建设点、适宜建设点(图7-17至图7-19)。重点建设点位于城市中心区,建设用地面积较大,绿地、水域资源稀缺,是补充城市蓝绿空间的首要区域;在优先建设点周围,有效降温未覆盖区的面积较大,应作为补充城市蓝绿空间的次要区域;在适宜建设点周围,有效降温未覆盖区的面积相对较小,也应适当补充城市蓝绿空间。

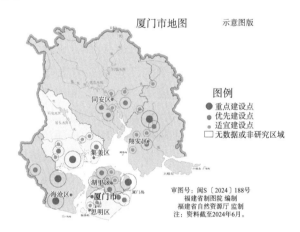

图7-17 厦门绿地、水域建设点位置建议

2) 综合经济性与降温效果的绿地、水域面积配置分析

冷岛强度、有效降温范围、降温幅度是定量评估斑块降温效果的有效指标。因此,本节以绿地、水域不同等级斑块降温效果指标的变化规律为依据,并综合考虑营建成本,确定绿地、水域斑块面积的配置标准,以期为闽南三市绿地、水域的建设提供量化依据。

(1) 绿地斑块面积配置

厦门绿地降温效果比较明显。冷岛强度始终随着斑块等级的增加而逐渐加强。大斑块与超大斑块的冷岛强度比较接近,微小斑块的冷岛强度略强于超小斑块。这表明大斑块较超大斑块更为经济实用,微小斑块比超小斑块更适用于用地有限的区域。因此,在旧城区等用地紧张的地区,可考虑营建 $0.1\ hm^2$ 以内的小规模绿地。而在较大范围的区域内,设置若干

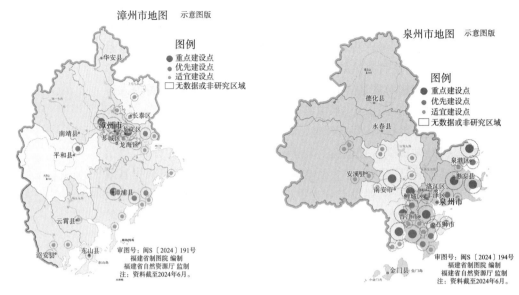

图 7-18 漳州绿地、水域建设点位置建议　　图 7-19 泉州绿地、水域建设点位置建议

50—100 hm² 的绿地更为经济。在有效降温范围方面,从微小斑块至大斑块的等级增长过程中,有效降温范围增幅明显,而从大斑块至巨斑块,有效降温范围增长幅度有限,且超大斑块与巨斑块的有效降温范围比较接近。综合考虑有效降温范围与实施成本,50—100 hm² 的绿地最为合适,200 hm² 以上的集中型绿地宜分开设置为两个或两个以上 50—100 hm² 的绿地。在降温幅度方面,从微小斑块至中大斑块,降温幅度增长明显,从大斑块至超大斑块,降温幅度增长有限。综合考虑降温幅度与实施成本,30—50 hm² 的绿地降温效果最佳,在用地条件宽松的新城区,可营建若干 30—50 hm² 的绿地,以其有效降温范围为依据进行空间布局,以最大限度地提高降温效果。

漳州绿地在冷岛强度方面,微小斑块、超小斑块、小斑块之间的冷岛差距较小。相比于前三者,中斑块冷岛强度增幅明显,而大斑块、超大斑块与巨斑块的冷岛强度比较接近。因此,10—30 hm² 的绿地最为经济,而在用地紧张的地区,可采取若干分散的 0.1 hm² 的绿地来代替 1—10 hm² 的集中式斑块。在绿地建设面积超过 50 hm² 的情况下,绿地的规模不宜过大,应建立若干面积为 50 hm² 左右的绿地。在有效降温范围方面,自微小斑块至中大斑块等级的变化过程中,有效降温范围增长迅速,从中大斑块至巨斑块,有效降温范围的增长幅度逐渐降低。因此,在漳州,建设面积为 30—50 hm² 的绿地最为经济。在降温幅度方面,从微小斑块至中斑块,降温幅度增长明显,从中斑块至巨斑块的降温幅度相对接近。综合考虑降温幅度与实施成本,漳州绿地建设面积的最佳数值为 10—30 hm²。

泉州不同等级斑块冷岛强度变化的"分段特征"明显,微小斑块与超小斑块的冷岛强度均在 −1.2 ℃ 左右,小斑块、中斑块与中大斑块均在

−1.4 ℃左右。大斑块与超大斑块的冷岛强度比较接近。在旧城区等用地紧张的地区,可考虑营建 0.1 hm² 以内的绿地,而在用地相对宽松的区域,宜采用若干 1—10 hm² 的绿地,而在营建大规模的绿地时,若干 50 hm² 左右的绿地更为经济。在有效降温范围方面,自微小斑块至中大斑块等级的变化过程中,降温范围增长幅度明显,从中大斑块至巨斑块,有效降温范围比较接近,变化幅度有限。综合考虑有效降温范围与实施成本,泉州绿地建设面积的最佳数值为 30—50 hm²。在降温幅度方面,从微小斑块至中斑块的增长趋势明显,从中大斑块至巨斑块增长甚微。综合考虑降温幅度与实施成本,10—30 hm² 的绿地最为适宜。在用地条件宽松的新城区,可营建若干 10—30 hm² 的绿地,以其有效降温范围为依据进行空间布局,以强化降温效果。

(2) 水域斑块面积配置

厦门水域斑块的冷岛强度随着斑块等级的增加而稳步增长。微小斑块与超小斑块的冷岛强度比较接近,分别为−1.21 ℃、−1.25 ℃。小斑块与中小斑块的冷岛强度分别为−1.34 ℃、−1.35 ℃。从中大斑块至超大斑块,冷岛强度增幅明显,具体数值从−1.57 ℃增长至−2.31 ℃,巨斑块则与超大斑块的冷岛强度较为一致。在旧城区等用地紧张的地区,可考虑营建 0.1 hm² 以内的小规模水域;在用地条件相对宽松的区域,水域的面积宜控制在 1—10 hm²。在营建大规模水域时,采取若干 100 hm² 左右的水域更为经济。在有效降温范围方面,厦门从微小斑块至中斑块的等级增长过程中,有效降温范围的上升趋势明显,从大斑块至巨斑块,有效降温范围的增速也较快。综合考虑有效降温范围与实施成本,在厦门用地相对有限的地区,10—30 hm² 的水域最为适宜;在用地条件相对宽松的地区,尽量采取 100—200 hm² 的大型水域。在降温幅度方面,从微小斑块至大斑块,降温幅度受斑块等级的变化影响较小,中大斑块的降温幅度最大为 2.55 ℃,超大斑块、巨斑块的降温幅度较大,分别为 3.57 ℃、3.08 ℃。因此,在用地相对紧张的情况下,水域的面积宜控制在 30—50 hm²。在水域面积可超过 200 hm² 的情况下,宜采取 100—200 hm² 的水域斑块。

漳州微小斑块与超小斑块的冷岛强度差距较小。从小斑块至大斑块,冷岛强度增长明显。因此,在漳州旧城区等用地紧张的区域,宜采取若干 0.1 hm² 左右的水域斑块;而在用地条件相对宽松的区域,50—100 hm² 的水域最为经济。在有效降温范围方面,漳州微小斑块、超小斑块、小斑块的有效降温范围比较接近,中斑块至超大斑块的有效降温范围增长趋势明显,巨斑块的有效降温范围与超大斑块比较接近。因此,30—50 hm² 的水域最为经济,而在用地紧张的地区,可采取若干 0.1 hm² 的水域来代替 1—10 hm² 的集中斑块。在水域建设面积可超过 100 hm² 的情况下,水域的规模不宜过大,为了达到经济性与有效降温范围的协调统一,应建立若干面积为 50—100 hm² 的水域。在降温幅度方面,自微小斑块至中大斑块,降温幅度变化相对平稳,超小斑块的降温幅度明显大于微小斑块,大斑块的降温幅度最大为3.30 ℃。这表明在漳州,等级越大的斑块,其降温幅度未必越大。所以,在空间有限的区域中,采取多个0.1—1 hm² 的水域最为经济,在用地条件相对宽松的区域,可营建50—100 hm² 的集中斑块。

泉州水域自微小斑块至中斑块,冷岛强度随着斑块等级的上升而增长明显,自中大斑块至巨斑块,冷岛强度的增长速度比较缓慢,变化幅度有限。综合考虑冷岛强度与实施成本,10—30 hm² 的水域最为合适。泉州有效降温范围变化的"分段"现象明显,微小斑块、超小斑块与小斑块的有效降温范围比较接近,中斑块、中大斑块、大斑块的有效降温范围也比较接近,超大斑块与巨斑块的有效降温范围远大于其他斑块,分别为787.42 m、791.07 m。在泉州用地紧张的地区,宜采用0.1 hm² 的水域。在水域面积不超过100 hm² 的情况下,宜采取多个10—30 hm² 的水域斑块分散布局;而在水域建设面积可超过100 hm² 的情况下,宜营建若干面积为100 hm² 左右的水域。泉州降温幅度具有阶段性变化的特征,小斑块与中斑块的降温幅度比较相似,中大斑块至超大斑块的降温幅度明显上升,巨斑块的降温幅度略小于超大斑块。因此,综合考虑降温幅度与实施成本,在用地相对有限的区域,1—10 hm² 的水域最为合适,而在水域面积可超过200 hm² 的情况下,宜采取若干面积为100 hm² 的水域斑块。

7.3.2 建设用地功能布局

1) 适应用地功能热环境特征的用地协调布局策略

不同用地功能类型的热力属性差异明显。工业区块温度较高,对周边区域的升温作用明显,极易形成较强的热岛效应;物流仓储区块与交通区块的不透水地表密集,热排放量大而集中,热岛效应也较强。商业服务业区块人口集中,建筑密集,热量不易扩散,对邻近区域也具有明显的升温效应;而居住区块、公用设施区块及公共管理与服务区块的热环境更易受其他功能类型热环境的影响。商业服务业功能、工业功能、物流仓储功能与热岛区域的形成具有较强的关联,局部空间内包含上述功能,则热岛效应产生的概率会明显增加。绿地、水域对邻近区域具有明显的降温效应。基于此,城市建设用地的空间规划布局,须考虑不同用地功能类型之间的布局关系,应采取下列措施:

(1) 分区布局工业、物流仓储园区与居民活动集中区

分析表明,工业区块、物流仓储区块易对周边环境产生较强的升温作用,且热岛效应影响范围较大,其空间分布是加剧城市热岛效应的重要影响因素。倘若工业园区、物流仓储园区与居住区、商业区以及医院、疗养院等人员密集的区域相互混杂,势必会加剧工业、物流仓储园区对居民生产、生活的负面影响。此外,工业、物流仓储园区与多数居民集中区域的功能关联相对有限。因此,工业、物流仓储园区应避免与居住区、商业区等人员密集区域交错布局;工业、物流仓储园区宜采取集中化的布局模式,引导零

散的工业、仓储进入集中式园区,同时,在园区边缘处应布局一定规模的防护林、河流等绿地、水域,以隔绝热岛,对其形成"外部包围",限制工业、仓储等产生的热量传至居民生活区,将其产生的高温现象限制在可控的范围之内。

(2) 限制绿地、水域周边地区的功能布局与开发强度

城市绿地与水域是缓解热岛效应、调节局部微气候的重要降温景观。因此,在绿地、水域周边宜布局居住区、商业商务区等居民活动集中的功能区域,而避免设置工业区、物流仓储园区等易造成局部高温的产业与用地,以减少外部环境对绿地、水域降温效果的负面影响。

(3) 混合布局绿地、水域与城市建设用地,提升绿地、水域的降温效果

绿地、水域是重要的"生态冷源",然而其降温效果存在"饱和效应"。因此,绿地、水域等降温要素与居住用地、商业服务业用地混合布局、彼此镶嵌,科学把控其相对位置关系,使两者充分接触,绿地与水域布局应形成覆盖建设用地的网络化蓝绿系统,以最大限度地发挥绿地、水域的降温效果。

此外,可控制大型水域、绿地周边的建筑密度及建筑高度,增加绿地、水域周围建筑的孔隙率,有计划地为降温过程预留通风廊道,形成开合有度的空间,以拓展绿地、水域降温效应对外部环境的影响范围。

(4) 改善人流集中区域的空间格局,加强与生态空间系统的有机结合

人流集中区域是指居民生活、生产相对密集的区域,主要包括高密度居住区、大型商业/商务区等。这些区域人口集中,建筑密集,用地紧张,且车流、物流相对集中,是城市热岛强度普遍较高的区域。根据前文分析,绿地、水域是缓解热岛效应的重要"冷源",然而其降温的影响范围是有限的,且存在"饱和效应"。因此,为避免人流集中区域内部形成热岛集中区域,应合理管控其内部的建筑密度,提高绿化率、开放空间等方面的比例要求,加强对其内部空间的降温作用。在与居住用地、商业服务业用地、公共管理与服务用地邻接的区域设置一定规模的绿化或水域景观,充分发挥绿地、水域降温效果的空间"溢出效应";并且,人流集中区域应与现有的森林公园、大型湖泊、广场绿地等城市生态空间有机结合,融为一体,形成综合自然生态区域的城市公共中心。

2) 满足空间环境及热力属性的功能用地内部优化

用地功能类型直接决定用地内部人类社会经济活动类型及其热量产生、排放的特性,对城市热环境的时空分异特征影响显著。不同用地功能类型的空间环境与热力属性存在差异,导致其内部的空间优化策略有所区别。

首先,不同功能用地类型代表不同的人类活动性质以及空间环境特征,这会导致用地的热效应有所区别。如工业用地的主要功能是承载工业生产,工业生产能耗较大,且用地内部主要是硬质地表,植被稀少,因而极易形成高温区。其次,不同功能用地类型对降温的需求程度也有所不同。

如居住用地人口密集,是人们生活的重要场所,与居民生活联系紧密,对降温需求度较大;医院、养老院、疗养院等公共服务设施用地的老年人、病人等特殊人群比例较大,因而对降温需求度也较大;对于工业、物流仓储等功能,尽管热效应较强,但由于人口分布较少,对气候调节的需求度较低。

基于此,本节针对各类用地功能类型提出相应的内部空间优化策略(表7-6)。

表7-6 各类用地功能类型的内部空间优化策略

功能类型	内部空间优化策略
居住用地	① 在其内部穿插绿地、水域等自然地表的斑块,局部形成具有一定规模、连续集中的公园绿地;② 尽量紧邻大型绿地或水域,远离工业区;③ 控制建筑密度,通过不同高度的建筑组合,强化局部的通风散热
公共管理与服务用地	① 注重建筑空间组合的大小、高低变化,强化对流散热;② 结合建筑功能采取屋顶花园、墙体绿化等生态化改造措施,加强区域内部的蒸发散热
商业服务业用地	① 宜与工业区、物流仓储区分开布局;② 合理限制建筑密度,注重建筑高度与体积变化,以强化对流换热;③ 注重建筑间的相互遮挡,减少太阳辐射;营建屋顶花园,增加绿地覆盖度
工业用地、物流仓储用地	① 尽量远离城市中心区域,以及居住区、商业区等;② 提高土地利用效率,在其边缘区或内部布置一定规模的绿地、水域,以隔绝其内部的"热岛",减少其对周边其他用地的升温作用;③ 工业园区应积极进行技术创新,节能减排
道路与交通设施用地	① 尽量与防护绿地、公园绿地、街边绿化等自然地表结合布局;② 内部穿插布置乔木、建筑等遮挡阳光,以减少太阳辐射得热
公用设施用地	① 提高土地利用效率,形成高容积率、低建筑密度的建筑空间格局,为内部绿化、水体预留空间;② 可与工业区结合设置,作为减缓工业区热效应的缓冲地带
未利用地	① 通过种植乡土植物、营建景观水域等方式进行生态修复,增加植被、水体覆盖度,使其转型为城市公共绿地;② 在与居住区、商业区等功能区相邻的边缘区域设置绿化隔离,避免其对周边热环境产生不良影响
耕地	① 合理确定农林牧业的用地结构,积极发展生态农业、观光农业;② 利用田间、沟渠穿插营建绿地、水系,形成多层次的立体生态结构
绿地、水域	① 采取严格的保护措施,保证其斑块的完整性;② 注重水域与绿地混合交错布局,增加其降温效果;③ 可考虑与居住区、医院、商业中心等功能区结合布局

7.4 空间形态设计

7.4.1 空间形态分区调整

1)综合指标影响机理与实施成本的分区调整措施

本节基于局部气候分区的理念,以前文对各局部气候区空间形态指标与热环境的空间关系为依据,为各局部气候区缓解热岛效应制定优化措施。

首先,空间形态指标与热岛强度之间的统计相关性,可直接作为调整该指标的理论指引。其次,空间形态指标与热岛强度的空间关联决定了不同策略的降温效果不同。根据空间自回归分析结果,不同空间形态指标的回归系数差异明显,回归系数越大,该指标的改变更易引起因变量(热岛强度)的变化。这意味着增加或减少同样数量的不同指标,其降温效果差异较大。最后,不同优化措施所调整的空间形态指标决定了其实施成本与难度不同,如要增加植被指数(VI)与水体指数(WI),可通过街区改造等措施来完成,实施成本较低,而要改变街区的建筑密度(BD)、建筑体积密度(BVD)、天空可视度(SVF)及建筑高度差(BH_S),则需要改造甚至是拆除部分建筑才可实现,限制因素较多,实施的阻力较大。因此,在规划实施中,应针对各类空间形态指标与热岛强度的相关性,以及指标的回归系数,定量评估其影响作用,以选择高效的策略。

综合考虑调整空间形态因素的成本与难度,以确定闽南三市各局部气候区有效可行的规划调整措施(表7-7至表7-9)。

表7-7 厦门各类局部气候区的规划调整措施

局部气候区	主要地表覆被类型	规划调整措施
1区	高容积率、高建筑密度的建设用地	实行屋顶绿化、墙体绿化、屋顶花园等方式,增加植被指数;新建建筑宜采取高层、大体量的空间形式;适度拆除废弃、老旧建筑,限制建筑密度,加强建筑空间组合的高度变化
2区	裸地、沙地、废弃地	积极引导裸地向水域、林地等降温效果强的自然地表转型;在草地内部种植郁闭度大,植被含水量高的乔木、灌木,丰富植被的群落结构;限制不透水面的扩张
3区	广场、公园、道路等开放空间及低容积率、低建筑密度的建设用地	积极植入绿地或水域,增加植被与水体的覆盖率;停车场宜采用生态停车位代替原有的水泥、柏油等硬质停车位,广场、人行道等地面尽量采取杂草地面、植草砖等可绿化的铺地方式;新建建筑宜采用高层、小体量的建筑,同时加强相邻建筑的高度变化
4区	水体、水田、湿地	采取必要的保护措施,继续维持水域湿地斑块的自然、完整形态,严格限制不透水面在此蔓延扩张
5区	低容积率、高建筑密度的建设用地	宜采取"见缝插针"式的绿化方式,增加街边绿化等附属绿地,限制不透水面,可采用屋顶绿化等方式,充分利用密集的建筑屋顶,增加绿化;新建建筑或建筑改造宜采取高度较大、体量较小的空间形态,强化与邻近建筑的高度变化;限制建筑占地面积,避免建筑密度进一步加大
6区	林地、灌木丛、草地	采取保护措施,严格限制人为开发建设与耕作,限制不透水面扩张;适度增加湿地、湖泊等水体斑块,形成水绿交融的自然景观结构,以强化降温效果
7区	容积率、建筑密度相对较低的建设用地	限制不透水面扩张,积极将人行道、广场、停车场等硬质地表改造为生态、可渗透性地表或绿化植被;建筑宜采取高度大、体积小、占地少的空间形态,注重街区建筑高度变化

表7-8 漳州各类局部气候区的规划调整措施

局部气候区	主要地表覆被类型	规划调整措施
1区	林地、灌木丛、草地	采取保护措施,严格限制人为开发建设与耕作,种植乡土植被,增加植株密度,丰富植被群落结构
2区	裸地、沙地、废弃地	积极引导裸地、废弃地向水域、林地、草地等自然地表转型;在裸地内部适度补充乔木、灌木,丰富植被的群落结构;对部分不透水面进行渗透性改造
3区	低建筑密度、建筑高度较大的建设用地	建筑宜采取占地少、高度大的大体积形态,将部分硬质地表改造为可绿化、可渗透地表,通过营造屋顶花园,增加水体、植被覆盖度
4区	建筑密度、容积率相对较小的建设用地	通过绿化、水池等形式增加植被、水体覆盖度,同时代替原有硬质不透水表面,严格限制建筑密度,建筑组合注重高度变化,强化竖向对流散热
5区	高建筑密度、高容积率的建设用地	实行屋顶绿化、墙体绿化、屋顶花园等方式,增加植被指数;新建建筑宜采取占地少的高层、大体量的空间形式;适度拆除废弃、老旧建筑,限制建筑密度,加强建筑竖向的高度变化,促进通风
6区	广场、公园、道路等建设用地中的开放空间	积极增加植被与水体的覆盖率,停车场宜采用生态停车位来代替硬质停车位,广场、人行道等地面尽量采用杂草地面、植草砖等可绿化的铺地方式,减少不透水地表
7区	水域、湿地、水田	采取保护措施维持水域湿地斑块的自然、完整形态,临水空间表面以绿植为主,既可净化水体,也可增加植被覆盖度
8区	高建筑密度、容积率较低的建设用地	停车场、人行道等宜采用可绿化、可渗透的生态地表,以减少不透水表面;建筑宜采取高度大、占地少、体积小的竖长形态,相邻建筑之间注重竖向高度变化;可有效利用高密度下丰富的屋顶资源,进行屋顶绿化,增加植被覆盖度

表7-9 泉州各类局部气候区的规划调整措施

局部气候区	主要地表覆被类型	规划调整措施
1区	林地、灌木丛、草地	严格限制人为开发建设与耕作,减少不透水面;丰富植被群落结构;适度增加湿地、湖泊等水体斑块,形成水体—绿地结合的降温要素,以强化降温效果
2区	裸地、废弃地、沙地	积极开展植树造林等生态工程,引导裸地、废弃地向水域、林地、草地等自然地表转型;在裸地内部适度补充乔木、灌木,丰富植被的群落结构;严格限制不透水面扩张
3区	广场、公园、道路等开放空间或低容积率、低建筑密度的建设用地	积极增加植被与水体的覆盖率;不透水表面进行可绿化、可渗透的生态化改造,减少不透水表面;建筑宜采取体量小、高度大的竖长形态,加强街区内部建筑的高度变化
4区	水域、湿地、水田	采取保护措施,继续维持水域湿地等水体的完整形态,严格限制人为开发建设,防止不透水表面向其渗透,避免对水体的降温效果产生负面影响

续表 7-9

局部气候区	主要地表覆被类型	规划调整措施
5区	低容积率、建筑密度相对较低的建设用地	增加植被、水体覆盖度,采取地表生态化改造,促进不透水表面转型为绿地、水面等;保持街区的空间开阔度,建筑宜采取占地少、高度小的外部形态,以减少建筑占地面积、建筑高度,增加天空可视度
6区	高建筑密度、容积率相对较低的建设用地	增加水体覆盖度,如营建屋顶水池等,适当增加建筑体积,同时通过建筑的空间组合来加强对太阳辐射的遮挡,限制建筑的占地面积,同时注重建筑高度变化
7区	高容积率、低建筑密度的建设用地	开放空间宜补充绿地、水体,减少硬质地面,增加植被、水体覆盖度;建筑宜采取大体量的外部形态,以减少街区地表的太阳辐射得热

值得注意的是,局部地区空间形态的改变,会导致该地区及邻近区域热岛强度的变化。因此,若局部地区的空间形态难以调整,则可通过优化其周边区域的空间形态,通过空间的"溢出效应",降低其热岛强度。

2) 满足分区指标均值的局部气候区规划控制标准

各局部气候区内的空间形态指标与热岛强度的空间关联,为各局部气候区的空间优化提供了科学依据。然而,在城市发展等多重复杂因素的作用下,将各局部气候分区内所有的指标值均调整至完全理想的状态并不现实,因此,本节参考相关文献(岳亚飞等,2020),综合考虑各类空间形态指标的取值范围,以及城市开发建设的需求,以闽南三市各局部气候区中的建筑密度等八项指标的平均值作为局部气候区调整优化以及管理控制的基准值,为各局部气候区的规划控制提供量化的建议控制标准(表7-10至表7-12)。其中若在某局部气候区,该空间形态指标与热岛强度呈负相关性,则该空间形态的建议控制标准为最小值,即该指标宜大于或等于平均值;若在某局部气候区,该空间形态指标与热岛强度呈正相关性,则该空间形态的建议控制指标为最大值,即该指标宜小于或等于平均值。

表 7-10 厦门局部气候区规划建议控制标准

控制指标	局部气候区						
	1区	2区	3区	4区	5区	6区	7区
建筑密度 (BD)/%	≤49.801	—	—	—	≤60.046	—	≤36.558
建筑体积密度 (BVD)/%	≥25.194	—	≤0.124	—	≤73.483	—	≤26.502
天空可视度 (SVF)	—	≥0.993	≥0.993	—	≥0.029	—	≥0.164
建筑平均高度 (BH)/m	≥41.660	—	≤7.643	—	≥11.775	—	≥14.604

续表 7-10

控制指标	局部气候区						
	1区	2区	3区	4区	5区	6区	7区
建筑高度差 (BH_S)/m	≥29.158	—	≥0.811	—	≥4.085	—	≥4.809
植被指数 (VI)/%	≥64.512	≥59.874	≥74.877	—	≥59.159	≥90.049	≥66.384
水体指数 (WI)/%	—	≥16.169	≥11.580	≥64.925	≥16.881	≥6.653	—
不透水面比例 (ISF)/%	≤40.517	≤45.889	≤34.991	≤26.019	≤45.821	≤24.208	≤39.892

表 7-11 漳州局部气候区规划建议控制标准

控制指标	局部气候区							
	1区	2区	3区	4区	5区	6区	7区	8区
建筑密度 (BD)/%	—	—	≤13.111	≤50.069	≤30.607	—	≤1.201	
建筑体积密度 (BVD)/%	—	—	≤16.188	≥25.317	≥40.778	—	—	≤25.194
天空可视度 (SVF)	—	—	—	—	≥0.509	—	—	≥0.031
建筑平均高度 (BH)/m	—	—	—	≥41.559	≥91.488	—	—	≤21.660
建筑高度差 (BH_S)/m	—	—	—	≥12.161	≥40.128	—	—	≥9.158
植被指数 (VI)/%	≥93.771	≥20.663	≥32.702	≥64.534	≥9.074	≥12.799	≥7.278	≥64.512
水体指数 (WI)/%	—	≥2.053	≥2.261	≥15.477	≥4.002	≥6.912	≥75.811	≥15.473
不透水面比例 (ISF)/%	≤0.319	≤4.579	≤12.226	≤40.489	≤83.218	≤65.550	≤7.493	≤40.517

表 7-12 泉州局部气候区规划建议控制标准

控制指标	局部气候区						
	1区	2区	3区	4区	5区	6区	7区
建筑密度 (BD)/%	—	—	—	—	—	≤30.912	—
建筑体积密度 (BVD)/%	—	—	≤4.948	—	—	≥10.526	≥44.914

续表 7-12

控制指标	局部气候区						
	1区	2区	3区	4区	5区	6区	7区
天空可视度(SVF)	—	—	≤0.991	—	≥0.556	—	—
建筑平均高度(BH)/m	—	—	≥4.246	—	≥13.016	≥35.639	—
建筑高度差(BH_S)/m	—	—	—	—	≥4.968	≥10.914	—
植被指数(VI)/%	≥78.926	≥43.419	≥20.276	≥18.398	≥18.034	≥13.721	≥18.982
水体指数(WI)/%	≥0.201	≥1.191	≥0.770	≥74.778	≥1.509	≥0.729	≥2.557
不透水面比例(ISF)/%	≤1.133	≤23.271	≤82.214	≤10.341	≤82.777	≤91.111	≤82.672

上述控制标准为未来空间规划中的建筑密度、绿化率等内容提供了建议控制标准。在各类局部气候区中，若空间形态指标低于或高于建议控制标准时，可通过屋顶绿化等建筑改造，或硬质地表渗透性改造等方式，使指标接近建议的理想数值，以优化局部微气候。局部地区空间形态的改变会导致该地区及邻近区域的热环境变化，因此，若局部地区的空间形态指标难以接近理想数值，则可通过调整其邻近区域的空间形态指标，通过邻近区域的"溢出效应"，实现对本地区热环境的优化。

7.4.2 街区空间形态优化

比较来看，厦门、漳州、泉州三市的空间形态与热环境的关联比较相似。在空间相似的局部气候区中，三市的空间形态指标与热岛强度的相关关系是一致的。这些共同规律表明在空间相似的局部气候区中，空间形态与热环境的关联规律是恒定的，受地域差异的影响较小。基于此，本节结合闽南三市空间形态与热环境关联的共同规律，提出了街坊与建筑群空间的优化建议。

1) 南长北短、疏密有致的街区建筑组合形式

天空可视度(SVF)与热岛强度普遍呈现负相关性，建筑密度(BD)与热岛强度普遍呈现正相关性。这是由于：一方面，建筑群体阻挡了街区空间水平方向的空间流动，进而阻滞了局部空间的对流散热；另一方面，部分局部气候区的建筑体积密度(BVD)、建筑密度(BD)与热岛强度呈负相关性，这种现象在以往的研究中已有分析(李雪松等，2014)，这归因于建筑的存在也有效遮挡了太阳辐射。

由此可见,街区建筑群体空间组合应兼顾街区的遮阳与通风。街区南面应保证街道界面较高的连续度,建筑布局宜相对密集,以确保建筑能遮挡太阳辐射,同时为确保街区基本的通风以及与外部空间的对流换热,街道界面也应满足最低孔隙率的要求。而在街区的北侧,应形成开敞的空间格局,降低街道界面的连续度,以促进街区的通风散热。此外,围合式街区内部的通风条件相对较差,集聚的热量不易扩散。街区内部的建筑应疏密有致,错位布局,避免建筑过度密集而导致内部通风散热不畅(图 7-20)。

2)错落有致的街区竖向形态与占地少、高度大的建筑单体形态准则

前文分析表明,建筑平均高度(BH)、建筑高度差(BH_S)普遍与热岛强度呈现负相关性。因此,建议建筑组合也应形成高低错落的竖向形态。不仅可以加强街区竖向的空气流动,而且可以丰富街区竖向的空间层次。若由于客观原因,必须保证建筑高度统一时,则应适度加大建筑间距,调整建筑朝向以适应主导风向,加强街区水平方向的对流散热。兼顾街区的遮阳要求,建筑高度宜形成"南高北低"的布局模式。一方面,南侧高度较大的建筑可为其北侧的街区空间有效遮挡太阳辐射;另一方面,这种布局模式也可促进街区竖向的对流,进而促进散热(图 7-21)。

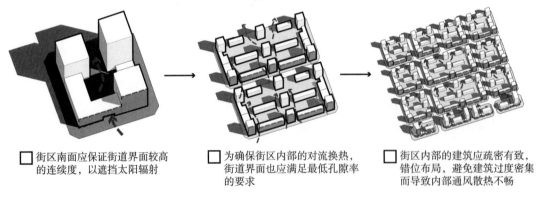

图 7-20 南长北短、疏密有致的街区建筑组合形式示意图

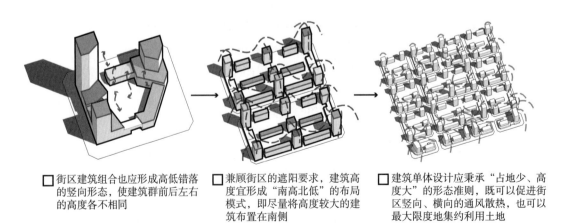

图 7-21 错落有致的街区竖向形态与占地少、高度大的建筑单体形态示意图

此外，基于天空可视度(SVF)、建筑密度(BD)与热岛强度的空间关联，建筑占地越少，越有利于水平方向的对流散热。前文分析也表明，高层—低密度街区的热环境状况明显优于低层—高密度街区，即建筑高度越大，越有利于竖向的对流散热。因此，建筑单体设计应秉承"占地少、高度大"的形态准则，甚至可以采取底层架空的空间模式。这样一方面可促进街区竖向、横向的通风散热；另一方面也可预留更多的开放空间，可布置绿地、水域，最大限度地集约利用土地。

3) 高层街区大体量、低层街区小体量的差异化建筑配置

在高层建筑街区，建筑体量的遮阴作用所产生的降温效果大于其阻挡通风散热而产生的升温效果。而在低层、多层建筑为主的街区，建筑体量的遮阴作用所产生的降温效果小于其阻挡通风散热等产生的升温效果。因此，在高层建筑街区，建筑应采取体积较大、高度较高的外部形态，可采取大面宽、小进深的空间模式，以最大限度地遮挡太阳辐射。而在低层、多层建筑为主的街区，建筑应采取小体积、低密度、化整为零的分散式布局，以减少建筑布局阻碍街区的对流散热(图7-22)。

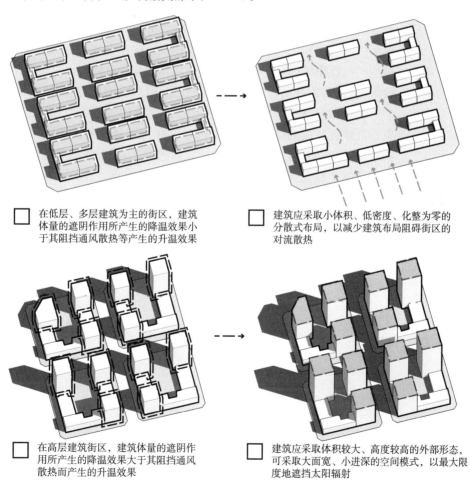

图7-22 高层—低层街区的差异化建筑配置示意图

4) 通过屋顶绿化、墙体绿化等立体绿化方式有效利用现状存量资源

根据前文的分析，在任何局部气候区，植被指数（VI）、水体指数（WI）与热岛强度均呈现负相关性。这表明增加植被与水体可有效降低热岛强度，这是由于植被、水体具有明显的蒸散作用，此外植被还具备遮阴作用，可有效降低环境温度。然而，由于土地紧张、建设成本高昂等诸多原因，厦门、漳州、泉州城区内部普遍存在公园绿地、水域等绿色空间匮乏的问题，特别是在高密度城区，人均绿地面积极为有限。以厦门湖里区为例，绿地面积为 4.91 km^2，人口密度为 1.49 万人/km^2，人均绿地面积仅为 4.88 m^2。研究表明，若城市建筑的屋顶绿化达到 6% 以上，即可形成显著的生态效益（王仙民，2007）。针对城区生态空间稀缺、土地资源有限的约束条件，本节提出运用现有建筑资源，增加绿化或水体的比例，通过屋顶绿化、墙体绿化、桥体绿化、阳台绿化等方式，与城市生态空间联动互补，充分利用立体绿化的生态效益，形成城市生态降温体系。

基于闽南三市的建筑普查数据，对第 7 章闽南三市研究区域内所有建筑的屋顶面积与立面面积进行统计，厦门、漳州、泉州研究区域的建筑屋顶存量资源分别为 40.152 km^2、110.186 km^2、56.639 km^2，建筑立面存量资源分别为 121.611 km^2、366.918 km^2、205.111 km^2，这表明闽南三市具有较大的建筑屋顶、立面空间潜力可供挖掘。应结合规划区域的建筑属性特征与产权性质等内容，科学评估建筑屋顶绿化、墙体绿化的实施潜力，通过政策支持、实施补贴等方式，鼓励进行屋顶绿化、墙体绿化，结合建筑功能、产权属性、绿化植物类型等因素，对各类建筑的实施进行指引。如商业建筑等开放性较强的建筑，可营建相对丰富的组合式屋顶花园，以及模块式的墙体绿化；而居住建筑等开放性较弱的建筑，宜采取成本较低、易养护的草坪式屋顶绿化，以及攀爬式、铺贴式的墙体绿化。

8 城市热环境优化研究的未来

本书按照框架、原理、策略的思路，对城市热环境进行了系统研究，为缓解城市热岛效应、应对城市气候变化提供了参考。在理论框架层面，构建了涉及城市规模、景观格局、用地功能、空间形态的城市热环境优化理论框架，实现了城市空间与城市热环境优化的多维度衔接，丰富了城市热环境优化的理论体系；在优化原理层面，揭示了城市规模、景观格局、用地功能、空间形态与城市热环境的关联机理，为城市热环境优化策略提供了科学依据；在优化策略层面，系统地提出了包含城市规模管控、景观格局重构、用地功能布局、空间形态设计的城市热环境优化策略。

通过梳理目前的研究进展可以看出，城市热环境优化仍然在理论体系、技术方法、实施途径等方面存在诸多挑战。目前来看，诸多学者在城市热环境优化的调控机理方面进行了大量有益的探索。然而，如何将研究结果转化为应用实践，并与现有的规划体系相互协调与衔接，这是目前城市热环境优化所面临的核心问题。

本章在对全书进行回顾与总结的基础上，对未来城市热环境优化研究的启示进行总结与展望。

8.1 城市热环境优化研究的理论框架

本书以城市空间异质性为切入点，按照空间可辨析程度由低到高的层次递进过程，对城市空间进行逐层分类。结合从整体到局部层次递进的城市热环境优化思路，将城市热环境优化的要素划分为城市规模（规模）、景观格局（格局）、用地功能（功能）、空间形态（形态），并结合实证研究，对上述四类要素进行了定义。从城市规模、景观格局、用地功能到空间形态，存在着"从整体到细部"的递进关系。基于此，本书形成了基于"规模—格局—功能—形态"的城市热环境优化逻辑思路，实现了城市空间与城市热环境优化的多维度衔接。在此基础上，构建了包含城市规模管控、景观格局重构、用地功能布局、空间形态设计的城市热环境优化策略体系。城市热环境优化的逻辑思路与策略体系共同构成了集理论研究、应用实践于一体的理论框架，丰富了城市热环境优化的理论体系。

受限于理论的建构与数据的可获取性，本书仅从城市规模、景观格局、用地功能、空间形态四个维度，论述了城市热环境优化的调控机理与规划策略。然而,植被的种类、郁闭度等特征,以及空气质量、建筑色彩等因素,都会直接影响城市热环境,同时也应作为城市热环境的优化要素。此外,不同维度之间也应加强横向联系,以免造成各个维度相对独立。未来的研究还需要进一步完善、补充城市热环境的优化要素,强化不同维度之间的相互联系,定量分析各类优化措施的降温效果,以形成更全面、合理的研究结果,为城市热环境优化提供更科学、系统的科学依据。

8.2 城市热环境优化研究的技术方法

本书基于遥感影像、兴趣点(POI)数据、建筑普查数据等多源数据,结合遥感(RS)、地理信息系统(GIS)技术,尝试构建了多学科交叉、多源数据处理、多元技术应用的复合研究体系,实现了地理学、遥感学、景观生态学等学科在规律挖掘方面的优势与城市热环境优化研究的结合,提升了城市热环境优化研究的科学性,为城市热环境优化的科学研究提供了技术方法支撑。

在原理阐释的实证研究中,分别应用不同的技术方法分析城市规模、景观格局、用地功能、空间形态与城市热环境的关联机理。在城市规模层面,运用夜间灯光亮度数据,以夜间灯光亮度表征城市发展,作为网格单元尺度下反映城市土地面积与人口数量的城市规模综合量化指标,实现了城市规模的空间单元化。运用总体耦合态势模型、协调性模型等方法揭示城市发展与城市热环境的时空耦合关系,运用箱线图、对数回归方程等方法,揭示城镇建成区面积规模、单位面积人口规模(人口密度)对城市热环境的影响阈值,为面向城市建成区面积、人口密度的管控提供量化参考。在景观格局层面,基于景观生态学理念,综合应用景观格局指数、移动窗口分析、双变量空间自相关等方法,揭示景观格局与城市热环境的空间关系。在用地功能层面,运用兴趣点(POI)数据,实现城市功能区的精确识别,在此基础上,应用多环缓冲区分析方法,揭示不同用地功能的热力特征及其热环境足迹。在空间形态层面,运用局部气候区理念,将问题的分析限定于局部空间,实现了城市空间的化整为零,可有效规避城市热环境、空间形态的空间异质性对分析的干扰。

未来的研究应构建更加多元的城市热环境优化研究的范式。本书所采用的技术方法更多地侧重于关联规律的探讨,未来可以运用灰色关联模型、地理探测器等分析方法,进一步挖掘城市规模、景观格局等优化要素对城市热环境的驱动机制及其联动关系。

未来,城市热环境优化的各个流程,包括数据收集与处理、分析结果可视化、规划策略制定等皆应制订成标准化的操作流程,涉及的技术方法也应形成一套系统、易操作的规划辅助工具。随着人工智能、机器学习、数字模拟等研究技术的进步,城市热环境优化研究可融入更多的新技术、新方法,以应对当前城市空间的动态性与复杂性。

8.3 城市热环境优化的规划实践

本书基于实证分析得出的城市热环境优化原理，提出了涉及城市规模管控、景观格局重构、用地功能布局、空间形态设计的城市热环境优化策略，为构建新时期国土空间规划视角下城市热环境优化策略体系提供了理论参考。

各类优化要素可作为规划设计的控制要素，通过调整空间形态指标的数值缓解热岛效应。但在规划实施中，也应考虑不同策略的可行性，具体包括策略的实施成本、策略的降温效果以及对降温的需求程度。首先，不同策略所调整的控制要素决定了其实施成本与难度不同，如提高植被覆盖率远比降低建筑密度、建筑体积密度更为简单。其次，控制要素与城市热环境的关系决定了不同策略的降温效果不同，选取降温效果较好的措施尤为重要。最后，不同土地的用地性质也影响了策略的可行性。以居住、商业用地等为主的城市中心区，人口密集，对降温的需求度较大。在这些地区，应提升环境品质，综合考虑各类策略以降低地表温度。而工业园区、物流园区尽管地表温度较高，但人口较少，调整空间形态指标的数值会限制生产，且受益人群有限，应以维持经济效益为主，采用对工业生产、物流运输影响较小的策略。因此，在规划实施中，应针对具体情况，综合考虑调整空间形态指标的难度、降温措施的气候调节效率及降温的需求程度，以确定可行的规划措施。由此可见，在未来，应形成一套系统、科学的城市热环境优化策略的评价体系，以科学判断不同策略的可行性。

此外，在未来，应考虑城市热环境优化的策略及其实施途径如何与现有的规划体系衔接。在近现代规划设计中，对于城市热环境的关注逐渐减少，现有的国土空间规划体系更是缺少对城市热环境问题的考虑。未来城市热环境优化必须与现有的国土空间规划、城市总体规划、控制性详细规划、修建性详细规划等规划实践相协调，否则只能是纸上谈兵。因此，未来应积极探索城市热环境优化的实施模式与相关规划体系的结合问题。

最后，应对当前城市热环境优化所面临挑战的最好方式是将对城市热环境优化的现有研究及尝试经验真正落实到一个城市的规划实践中去。通过"完成一次规划、构建一套流程、形成一份标准"，从根本上确定城市热环境优化的地位与操作经验，以期在更多城市、地区中推广。

参考文献

· 中文文献 ·

陈利顶,傅伯杰,赵文武,2006."源""汇"景观理论及其生态学意义[J].生态学报,26(5):1444-1449.

池娇,焦利民,董婷,等,2016.基于POI数据的城市功能区定量识别及其可视化[J].测绘地理信息,41(2):68-73.

方创琳,崔学刚,梁龙武,2019.城镇化与生态环境耦合圈理论及耦合器调控[J].地理学报,74(12):2529-2546.

冯悦怡,胡潭高,张力小,2014.城市公园景观空间结构对其热环境效应的影响[J].生态学报,34(12):3179-3187.

高静,龚健,李靖业,2019."源—汇"景观格局的热岛效应研究:以武汉市为例[J].地理科学进展,38(11):1770-1782.

贺广兴,2014.城市热岛与空气污染物特性分析及其影响参数研究[D].长沙:中南大学:5-20.

黄焕春,2014.城市热岛的形成演化机制与规划对策研究[D].天津:天津大学:12-24.

黄亚平,卢有朋,单卓然,等,2019.武汉市主城区热岛空间格局及其影响因素研究[J].城市规划,43(4):41-47,52.

贾宝全,仇宽彪,2017.北京市平原百万亩大造林工程降温效应及其价值的遥感分析[J].生态学报,37(3):726-735.

雷金睿,陈宗铸,吴庭天,等,2019.1989—2015年海口城市热环境与景观格局的时空演变及其相互关系[J].中国环境科学,39(4):1734-1743.

李斌,王慧敏,秦明周,等,2017.NDVI、NDMI与地表温度关系的对比研究[J].地理科学进展,36(5):585-596.

李雪松,陈宏,张苏利,2014.城市空间扩展与城市热环境的量化研究:以武汉市东南片区为例[J].城市规划学刊,216(3):71-76.

刘焱序,彭建,王仰麟,2017.城市热岛效应与景观格局的关联:从城市规模、景观组分到空间构型[J].生态学报,37(23):7769-7780.

彭保发,石忆邵,王贺封,等,2013.城市热岛效应的影响机理及其作用规律:以上海市为例[J].地理学报,68(11):1461-1471.

乔治,黄宁钰,徐新良,等,2019.2003—2017年北京市地表热力景观时空分异特征及演变规律[J].地理学报,74(3):475-489.

沈中健,2022.厦门市城市规模与城市热环境的关联研究[J].城市建筑,19(13):74-76,115.

沈中健,曾坚,2020a.厦门市热岛强度与相关地表因素的空间关系研究[J].地理科学,40(5):842-852.

沈中健,曾坚,2021a.闽南三市城镇发展与地表温度的空间关系[J].地理学报,76(3):566-583.

沈中健,曾坚,梁晨,2020b. 闽南三市绿地景观格局与地表温度的空间关系[J]. 生态学杂志,39(4):1309-1317.

沈中健,曾坚,任兰红,2021b. 2002—2017年厦门市景观格局与热环境的时空耦合关系[J]. 中国园林,37(3):100-105.

王炯,2016. 城市地表热环境动态分析及优化策略建议[D]. 武汉:武汉大学:39-52.

王仙民,2007. 屋顶绿化[M]. 武汉:华中科技大学出版社:20-26.

王效科,苏跃波,任玉芬,等,2020. 城市生态系统:高度空间异质性[J]. 生态学报,40(15):5103-5112.

王耀斌,赵永华,韩磊,等,2017. 西安市景观格局与城市热岛效应的耦合关系[J]. 应用生态学报,28(8):2621-2628.

熊鹰,章芳,2020. 基于多源数据的长沙市人居热环境效应及其影响因素分析[J]. 地理学报,75(11):2443-2458.

杨浩,王子羿,王婧,等,2018. 京津冀城市群土地利用变化对热环境的影响研究[J]. 自然资源学报,33(11):1912-1925.

杨智威,陈颖彪,吴志峰,等,2019a. 基于自然区块的城市热环境空间分异性研究[J]. 地理科学进展,38(12):1944-1956.

杨智威,陈颖彪,吴志峰,等,2019b. 粤港澳大湾区城市热岛空间格局及影响因子多元建模[J]. 资源科学,41(6):1154-1166.

于琛,胡德勇,曹诗颂,等,2019. 近30年北京市ISP-LST空间特征及其变化[J]. 地理研究,38(9):2346-2356.

岳晓蕾,林箐,杨宇翀,2018. 城市绿地对热岛效应缓解作用研究:以保定市中心城区为例[J]. 风景园林,25(10):66-70.

岳亚飞,杨东峰,詹庆明,2020. 基于分区理念下的城市热环境和规划指标耦合关系研究:以武汉市为例[J]. 城市建筑,17(357):5-10.

岳亚飞,詹庆明,王炯,2018. 城市热环境的规划改善策略研究:以武汉市为例[J]. 长江流域资源与环境,27(2):286-295.

周伟奇,田韫钰,2020. 城市三维空间形态的热环境效应研究进展[J]. 生态学报,40(2):416-427.

周媛,石铁矛,胡远满,等,2014. 基于城市气候环境特征的绿地景观格局优化研究[J]. 城市规划,38(5):83-89.

• 外文文献 •

ANSELIN L, 1995. Local indicators of spatial association: LISA [J]. Geographical analysis, 27(2):93-115.

BROWN R D, 2012. Urban microclimate: designing the spaces between buildings[J]. Urban studies, 49(5):1157-1159.

CHAKRABORTI S, BANERJEE A, SANNIGRAHI S, et al, 2019. Assessing the dynamic relationship among land use pattern and land surface temperature: a spatial regression approach[J]. Asian geographer, 36(2):

93-116.

CHEN A L, YAO L, SUN R H, et al, 2014. How many metrics are required to identify the effects of the landscape pattern on land surface temperature [J]. Ecological indicators, 45: 424-433.

DUTTA I, DAS A, 2020. Exploring the spatio-temporal pattern of regional heat island (RHI) in an urban agglomeration of secondary cities in eastern India [J]. Urban climate, 34: 100679.

FENG G Q, WANG K, YIN D M, et al, 2020. How to account for endmember variability in spectral mixture analysis of night-time light imagery [J]. International journal of remote sensing, 41(8): 3147-3161.

GUO G H, WU Z F, CAO Z, et al, 2020. A multilevel statistical technique to identify the dominant landscape metrics of greenspace for determining land surface temperature [J]. Sustainable cities and society, 61: 102263.

GUO G H, WU Z F, CHEN Y B, 2019. Complex mechanisms linking land surface temperature to greenspace spatial patterns: evidence from four southeastern Chinese cities [J]. Science of the total environment, 674: 77-87.

HAMADA S, OHTA T, 2010. Seasonal variations in the cooling effect of urban green areas on surrounding urban areas [J]. Urban forestry & urban greening, 9(1): 15-24.

IMHOFF M L, ZHANG P, WOLFE R E, et al, 2010. Remote sensing of the urban heat island effect across biomes in the continental USA [J]. Remote sensing of environment, 114: 504-513.

JENERETTE G D, WU J G, GRIMM N B, et al, 2006. Points, patches, and regions: scaling soil biogeochemical patterns in an urbanized arid ecosystem [J]. Global change biology, 12(8): 1532-1544.

LAZZARINI M, REDDY MARPU P, GHEDIRA H, 2013. Temperature-land cover interactions: the inversion of urban heat island phenomenon in desert city areas [J]. Remote sensing of environment, 130: 136-152.

LI B Y, WANG W, BAI L, et al, 2018. Effects of spatio-temporal landscape patterns on land surface temperature: a case study of Xi'an city, China [J]. Environmental monitoring and assessment, 190(7): 419.

LIAO W L, LIU X P, WANG D G, et al, 2017. The impact of energy consumption on the surface urban heat island in China's 32 major cities [J]. Remote sensing, 9(3): 250.

LIU Y X, PENG J, WANG Y L, 2018. Efficiency of landscape metrics characterizing urban land surface temperature [J]. Landscape and urban planning, 180(12): 36-53.

MAVROGIANNI A, DAVIES M, BATTY M, et al, 2011. The comfort, energy and health implications of London's urban heat island [J]. Building services engineering research and technology,32(1):35-52.

MIN M,LIN C,DUAN X J,et al,2019. Spatial distribution and driving force analysis of urban heat island effect based on raster data:a case study of the Nanjing metropolitan area, China[J]. Sustainable cities and society,50:101637.

MITCHELL B C,CHAKRABORTY J,2014. Urban heat and climate justice:a landscape of thermal inequity in Pinellas county,Florida[J]. Geographical review,104(4):459-480.

OKE T R,1973. City size and the urban heat island[J]. Atmospheric environment,7(8):769-779.

PENG J,JIA J L,LIU Y X,et al,2018. Seasonal contrast of the dominant factors for spatial distribution of land surface temperature in urban areas[J]. Remote sensing of environment,215:255-267.

PENG J,XIE P,LIU Y X,et al,2016. Urban thermal environment dynamics and associated landscape pattern factors:a case study in the Beijing metropolitan region[J]. Remote sensing of environment,173:145-155.

PENG S S,PIAO S L,PHILIPPE C,et al,2012. Surface urban heat island across 419 global big cities[J]. Environmental science & technology,46(2):696-703.

SOBRINO J A,OLTRA-CARRIO R,SORIA G,et al,2012. Impact of spatial resolution and satellite overpass time on evaluation of the surface urban heat island effects[J]. Remote sensing of environment,117:50-56.

SONG X P,HANSEN M,STEHMAN V,et al,2018. Global land change from 1982 to 2016[J]. Nature,560(7730):639-643.

SRIVANIT M,IAMTRAKUL P,2019. Spatial patterns of greenspace cool islands and their relationship to cooling effectiveness in the tropical city of Chiang Mai,Thailand[J]. Environmental monitoring and assessment,191(9):580.

STREUTKER D R,2003. Satellite-measured growth of the urban heat island of Houston,Texas[J]. Remote sensing of environment,85(3):282-289.

TAN M H,LI X B,2015. Quantifying the effects of settlement size on urban heat islands in fairly uniform geographic areas[J]. Habitat international,49:100-106.

WANG Y S,ZHAN Q M,OUYANG W L,2019. How to quantify the relationship between spatial distribution of urban waterbodies and land surface temperature[J]. Science of the total environment,671(5):1-9.

YANG C,ZHAN Q M,GAO S H,et al,2019a. How do the multi-temporal centroid trajectories of urban heat island correspond to impervious surface changes:a case study in Wuhan,China[J]. International journal of environmental research and public health,16(20):3865.

YANG Z W, CHEN Y B, QIAN Q L, et al, 2019b. The coupling relationship between construction land expansion and high-temperature area expansion in China's three major urban agglomerations[J]. International journal of remote sensing, 40(17):6680-6699.

YAO L, XU Y, ZHANG B L, 2019. Effect of urban function and landscape structure on the urban heat island phenomenon in Beijing, China[J]. Landscape and ecological engineering, 15(4):379-390.

YAO R, WANG L C, HUANG X, et al, 2018. Interannual variations in surface urban heat island intensity and associated drivers in China[J]. Journal of environmental management, 222:86-94.

YU Z W, YAO Y W, YANG G Y, et al, 2019. Spatiotemporal patterns and characteristics of remotely sensed region heat islands during the rapid urbanization (1995-2015) of southern China[J]. Science of the total environment, 674:242-254.

ZHAO H B, ZHANG H, MIAO C H, et al, 2018. Linking heat source-sink landscape patterns with analysis of urban heat islands: study on the fast-growing Zhengzhou city in central China[J]. Remote sensing, 10(8):1268.

ZHAO L, LEE X H, SMITH R B, et al, 2014. Strong contributions of local background climate to urban heat islands[J]. Nature, 511(7508):216-219.

ZHOU D C, BONAFONI S, ZHANG L X, et al, 2018. Remote sensing of the urban heat island effect in a highly populated urban agglomeration area in east China[J]. Science of the total environment, 628/629:415-429.

ZHOU D C, ZHANG L X, HAO L, et al, 2016. Spatiotemporal trends of urban heat island effect along the urban development intensity gradient in China[J]. Science of the total environment, 544:617-626.

ZHOU D C, ZHAO S Q, LIU S G, et al, 2014. Surface urban heat island in China's 32 major cities: spatial patterns and drivers[J]. Remote sensing of environment, 152:51-61.

ZHU X M, WANG X H, YAN D J, et al, 2019. Analysis of remotely-sensed ecological indexes' influence on urban thermal environment dynamic using an integrated ecological index: a case study of Xi'an, China[J]. International journal of remote sensing, 40(9):3421-3447.

图表来源

图1-1 源自:笔者绘制.

图2-1 至图2-3 源自:笔者绘制.

图3-1 源自:笔者根据沈中健,曾坚,2021a. 闽南三市城镇发展与地表温度的空间关系[J]. 地理学报,76(3):566-583 绘制[底图源自福建省地理信息公共服务平台,审图号为闽S〔2024〕179号].

图3-2 源自:笔者绘制[底图源自福建省地理信息公共服务平台,审图号为闽S〔2024〕179号].

图3-3 源自:笔者根据沈中健,曾坚,2021a. 闽南三市城镇发展与地表温度的空间关系[J]. 地理学报,76(3):566-583 绘制[底图源自福建省地理信息公共服务平台,审图号为闽S〔2024〕179号].

图3-4 源自:笔者根据沈中健,曾坚,2021a. 闽南三市城镇发展与地表温度的空间关系[J]. 地理学报,76(3):566-583 绘制.

图3-5 源自:笔者根据沈中健,曾坚,2021a. 闽南三市城镇发展与地表温度的空间关系[J]. 地理学报,76(3):566-583 绘制[底图源自福建省地理信息公共服务平台,审图号为闽S〔2024〕179号].

图3-6 源自:沈中健,曾坚,2021a. 闽南三市城镇发展与地表温度的空间关系[J]. 地理学报,76(3):566-583.

图3-7 源自:笔者根据沈中健,曾坚,2021a. 闽南三市城镇发展与地表温度的空间关系[J]. 地理学报,76(3):566-583 绘制[底图源自福建省地理信息公共服务平台,审图号为闽S〔2024〕179号].

图3-8 源自:笔者根据沈中健,曾坚,2021a. 闽南三市城镇发展与地表温度的空间关系[J]. 地理学报,76(3):566-583 绘制.

图3-9 源自:笔者根据沈中健,2022. 厦门市城市规模与城市热环境的关联研究[J]. 城市建筑,19(13):74-76,115 绘制.

图3-10 至图3-14 源自:笔者绘制.

图4-1 至图4-9 源自:笔者绘制.

图4-10 至图4-20 源自:笔者绘制[底图源自福建省地理信息公共服务平台,审图号为闽S〔2024〕179号].

图5-1、图5-2 源自:笔者绘制[底图源自福建省地理信息公共服务平台,审图号为闽S〔2024〕179号].

图5-3 至图5-14 源自:笔者绘制.

图5-15、图5-16 源自:笔者绘制[底图源自福建省地理信息公共服务平台,审图号为闽S〔2024〕179号].

图5-17 源自:笔者绘制[底图源自福建省地理信息公共服务平台,审图号为闽S〔2024〕188号].

图5-18 源自:笔者绘制[底图源自福建省地理信息公共服务平台,审图号为闽S〔2024〕191号].

图 5-19 源自:笔者绘制[底图源自福建省地理信息公共服务平台,审图号为闽 S〔2024〕194 号].

图 5-20 至图 5-23 源自:笔者绘制.

图 6-1 源自:笔者根据沈中健,曾坚,2020a. 厦门市热岛强度与相关地表因素的空间关系研究[J]. 地理科学,40(5):842-852 绘制[底图源自福建省地理信息公共服务平台,审图号为闽 S〔2024〕188 号].

图 6-2 源自:笔者绘制[底图源自福建省地理信息公共服务平台,审图号为闽 S〔2024〕191 号].

图 6-3 源自:笔者绘制[底图源自福建省地理信息公共服务平台,审图号为闽 S〔2024〕194 号].

图 6-4 源自:笔者根据沈中健,曾坚,2020a. 厦门市热岛强度与相关地表因素的空间关系研究[J]. 地理科学,40(5):842-852 绘制[底图源自福建省地理信息公共服务平台,审图号为闽 S〔2024〕188 号].

图 6-5 源自:笔者绘制[底图源自福建省地理信息公共服务平台,审图号为闽 S〔2024〕191 号].

图 6-6 源自:笔者绘制[底图源自福建省地理信息公共服务平台,审图号为闽 S〔2024〕194 号].

图 6-7 源自:笔者绘制[底图源自福建省地理信息公共服务平台,审图号为闽 S〔2024〕188 号].

图 6-8 源自:笔者绘制[底图源自福建省地理信息公共服务平台,审图号为闽 S〔2024〕191 号].

图 6-9 源自:笔者绘制[底图源自福建省地理信息公共服务平台,审图号为闽 S〔2024〕194 号].

图 6-10 至图 6-12 源自:笔者绘制.

图 7-1 至图 7-4 源自:笔者绘制[底图源自福建省地理信息公共服务平台,审图号为闽 S〔2024〕179 号].

图 7-5 源自:笔者根据沈中健,2022. 厦门市城市规模与城市热环境的关联研究[J]. 城市建筑,19(13):74-76,115 绘制[底图源自福建省地理信息公共服务平台,审图号为闽 S〔2024〕179 号].

图 7-6、图 7-7 源自:笔者绘制[底图源自福建省地理信息公共服务平台,审图号为闽 S〔2024〕179 号].

图 7-8 源自:笔者绘制[底图源自福建省地理信息公共服务平台,审图号为闽 S〔2024〕188 号].

图 7-9 源自:笔者绘制[底图源自福建省地理信息公共服务平台,审图号为闽 S〔2024〕191 号].

图 7-10 源自:笔者绘制[底图源自福建省地理信息公共服务平台,审图号为闽 S〔2024〕194 号].

图 7-11 源自:笔者绘制[底图源自福建省地理信息公共服务平台,审图号为闽 S〔2024〕188 号].

图 7-12 源自:笔者绘制[底图源自福建省地理信息公共服务平台,审图号为

图 7-13 源自:笔者绘制[底图源自福建省地理信息公共服务平台,审图号为闽 S〔2024〕194 号].

图 7-14 源自:笔者绘制[底图源自福建省地理信息公共服务平台,审图号为闽 S〔2024〕188 号].

图 7-15 源自:笔者绘制[底图源自福建省地理信息公共服务平台,审图号为闽 S〔2024〕191 号].

图 7-16 源自:笔者绘制[底图源自福建省地理信息公共服务平台,审图号为闽 S〔2024〕194 号].

图 7-17 源自:笔者绘制[底图源自福建省地理信息公共服务平台,审图号为闽 S〔2024〕188 号].

图 7-18 源自:笔者绘制[底图源自福建省地理信息公共服务平台,审图号为闽 S〔2024〕191 号].

图 7-19 源自:笔者绘制[底图源自福建省地理信息公共服务平台,审图号为闽 S〔2024〕194 号].

图 7-20 至图 7-22 源自:笔者绘制.

表 1-1 源自:笔者绘制.

表 2-1 至表 2-3 源自:笔者绘制.

表 2-4 源自:笔者根据沈中健,曾坚,任兰红,2021b. 2002—2017 年厦门市景观格局与热环境的时空耦合关系[J]. 中国园林,37(3):100-105 绘制.

表 2-5 至表 2-7 源自:笔者绘制.

表 3-1 至表 3-4 源自:笔者根据沈中健,曾坚,2021a. 闽南三市城镇发展与地表温度的空间关系[J]. 地理学报,76(3):566-583 绘制.

表 3-5 至表 3-8 源自:笔者绘制.

表 4-1 至表 4-27 源自:笔者绘制.

表 5-1 源自:笔者绘制.

表 6-1、表 6-2 源自:笔者根据沈中健,曾坚,2020a. 厦门市热岛强度与相关地表因素的空间关系研究[J]. 地理科学,40(5):842-852 绘制.

表 6-3、表 6-4 源自:笔者绘制.

表 6-5 源自:笔者根据沈中健,曾坚,2020a. 厦门市热岛强度与相关地表因素的空间关系研究[J]. 地理科学,40(5):842-852 绘制.

表 6-6 至表 6-10 源自:笔者绘制.

表 6-11 至表 6-13 源自:笔者根据沈中健,曾坚,2020a. 厦门市热岛强度与相关地表因素的空间关系研究[J]. 地理科学,40(5):842-852 绘制.

表 6-14 至表 6-19 源自:笔者绘制.

表 7-1 至表 7-12 源自:笔者绘制.

本书作者

沈中健,天津大学城乡规划学博士,就职于山东大学土建与水利学院建筑学系,助理研究员,中国地理学会会员。主要从事建筑学、城乡规划学等相关领域的教学、科研工作。主要研究方向为城市热环境调控机理与空间规划响应、城市微气候环境优化等。发表中外学术论文 10 余篇,曾获天津市社会科学优秀成果奖一等奖、山东土木建筑科学技术奖一等奖。